JN413245

식용버섯과 독버섯

한국의 버섯

해동약초연구회 편

아이템북스

신이내린 선물, 버섯

버섯은 열량이 낮고 식이섬유가 많은 무공해 다이어트식품이며, 각종 비타민이 풍부해 스트레스 해소, 피부미용에 좋으며 노화방지 성분인 베타글루칸이 인체의 면역력을 높여 암과 각종 성인병 예방에 효과가 가장 큰 신이 내린 최고의 식품으로 불린다.

그래서일까? 서기 221년 중국을 처음으로 통일한 진 시황제는 3,000여 명의 후궁과 막대한 부귀는 소유하게 됐지만 불로장생만은 얻지 못했다. 그러던 중 동해의 어느 섬에 그것을 먹으면 장수를 누릴 수 있고, 죽은 사람의 얼굴에 올려 놓으면 생명이 소생하는 '영험한 버섯'이 있다는 이야기를 듣고 이를 구하고자 우리나라와 일본에 사람을 보냈다고 한다. 이 설화 속에 언급된 영험한 버섯이 바로 영지버섯이다. 또 양귀비가 절세미인으로서 마력을 지닌 비결 역시 영지버섯을 먹었기 때문이라는 설도 있다.

그리고 로마 제국의 폭군 네로 황제는 달걀버섯을 즐겨 먹었는데, 얼마나 좋아했는지 달걀버섯을 진상하면 그 무게를 달아 같은 양의 황금으로 하사하였다고 한다.

하지만 일상 세상은 모든 것이 음(陰)과 양(陽)으로 이루어져 있어서, 좋은 면이 있으면 나쁜 면도 있게 마련이다. 버섯의 세계에도 음양(陰陽)의 순리가 존재한다. 즉 약이 되는 버섯이 있고, 독이 되는 버섯이 있는 것이다.

생으로 먹어도 아무 탈이 없는 버섯이 있는가 하면, 어떤 버섯은 익혀 먹으면 탈이 없더라도 생식을 하면 탈이 나는 버섯이 있고, 익혀 먹더라도 과식하면 탈이 나는 버섯도 있다. 어떤 경우에라도 버섯은 자기가 확실하게 식용여부를 알고 먹는 방법을 알 때에만 먹어야 한다.

국내에 자생하는 버섯류는 1,100여 종인데, 이 중에서 오래 전부터 식용으로 이용한 자연산 버섯은 수십여 종뿐이다.

이 오묘한 버섯의 세계를 알아 가는 가장 기초적인 안내서가 되기를 바라는 간절한 마음으로 이 책을 펴낸다.

編著者 識

차례

식용버섯과 독버섯_ 한국의 버섯백과

표고버섯

옛날부터 제1능이, 제2송이, 제3표고 또는 제1송이, 제2능이, 제3표고라 하여 우수한 식용버섯으로 널리 알려진 버섯이다. 표고버섯은 참나무·상수리·졸참나무 등의 원목을 이용한 장목 재배법이 개발되어 전국적으로 광범위하게 인공재배를 하고 있다.

- 분포 지역 전국
- 발생 장소 활엽수의 고사목
- 발생 시기 봄과 가을(2회)
- 갓의 형태 둥근 우산 모양에서 펴져서 편평하게 된다.
- 갓의 크기 0.5~1cm
- 갓의 표면 다갈색~흑갈색 또는 담갈색

- 이용 방법 볶음·구이·탕·무침 등
- 효능 혈관 개선, 변비예방

능이버섯 _ 향버섯

오래전부터 고급요리에 이용되어 왔으며, 특히 능이버섯은 혈액을 맑게 하고 심신을 안정시킨다. 단백질 분해 성분이 다량 함유되어 있어 육류를 먹고 체했을 때 효과가 크다. 건조하면 매우 강한 향기가 있어 '향이' 라고도 불려진다.

- **분포 지역**　전국
- **발생 장소**　활엽수림의 지상
- **발생 시기**　여름~가을
- **갓의 형태**　나팔꽃처럼 핀 깔때기 모양
- **갓의 크기**　10~20cm
- **갓의 표면**　담홍백색, 흑갈색

- **이용 방법**　백숙·찌개·볶음·무침 등
- **효능**　소화 불량 치유

송이버섯

가을에 20~50년생 적송림에 주로 발생하나 기타 소나무류에도 발생한다. 송이버섯은 독특한 향과 씹는 질감에서 한국인이 가장 좋아하는 식용버섯으로 오래전부터 국내에 널리 이용되고 있다. 송이의 품질은 갓의 피막이 터지지 않고, 대가 굵고 짧으며 살이 두꺼운 것이 좋다.

- **분포 지역**   태백산맥, 소백산맥의 산지
- **발생 장소**   소나무숲의 땅
- **발생 시기**   가을
- **갓의 형태**   구형 → 둥근 우산 모양 → 편평형
- **갓의 크기**   8~20cm
- **갓의 표면**   황갈색~흑갈색

- **이용 방법** 송이밥 · 산적 · 구이 · 찌개 · 볶음 등
- **효능**   혈액 순환 촉진, 식욕 증진, 소화 촉진, 비만 개선 등

꽃송이버섯

여름에서 가을까지 침엽수의 자라낸 그루터기나 죽은 나무의 언저리에서 자생한다. 대는 짧고 뭉툭하며, 위쪽으로 반복하여 갈라져 짧은 분지를 수없이 형성하고, 여러 차례 가지를 쳐서 꼭대기는 편평하게 되고, 그 가장자리가 물결 모양이다. 최근에 뛰어난 항암 효능이 밝혀져 심층적인 연구가 이루어지고 있다.

- **분포 지역**　전국
- **발생 장소**　침엽수의 뿌리 근처나 그루터기
- **발생 시기**　여름~가을
- **갓의 형태**　물결 모양
- **갓의 크기**　10~30cm
- **갓의 표면**　백색~밤색

- **이용 방법**　찌개 · 무침 등(약으로는 달인 물을 마심)
- **효능**　면역세포 강화

17

느타리

활엽수의 마른 나무에 많이 발생하는 조개껍질처럼 생긴 버섯이다. 특히 늦가을에 많이 발생한다. 표면은 어릴 때는 검은색이지만 차차 퇴색하여 잿빛에서 연황색으로 되며 매끄럽고 습기가 있다. 살은 두껍고 탄력이 있으며 흰색이다. 느타리는 전 세계적으로 광범위하게 분포하며, 종의 형태적 변이가 다양하다.

- 분포 지역　전국
- 발생 장소　활엽수 등의 고사목, 절주목
- 발생 시기　봄~가을
- 갓의 형태　조개껍질 또는 반원형
- 갓의 크기　0.5~1.5cm
- 갓의 표면　연황색~회갈색

- 이용 방법　무침·볶음·국·장아찌 등
- 효능　　　콜레스테롤 감소

산느타리

봄부터 가을에 걸쳐 활엽수의 죽은 나무 또는 떨어진 나뭇가지에 무리를 지어 자라거나 한 개씩 자란다. 느타리와 혼동되나, 일반적으로 느타리보다 소형이고, 살이 얇고, 갓색은 처음에 담회갈색, 후에 백~담황색이거나, 처음부터 백색인 점 등이 차이점이다. 살은 얇고 밀가루 냄새가 나며, 부드러운 맛이 난다.

- **분포 지역**　전국
- **발생 장소**　활엽수의 죽은 나무, 떨어진 나뭇가지
- **발생 시기**　봄~가을
- **갓의 형태**　둥근 우산 모양, 반원형의 깔때기 모양
- **갓의 크기**　0.2~0.8cm
- **갓의 표면**　담회갈색~백색~담황색

- **이용 방법**　무침 · 볶음 · 찌개 등
- **효능**　콜레스테롤 감소

느타리와 비슷한 **화경버섯**

여름~가을에 너도밤나무류의 고목에 무리지어 발생한다. 화경버섯은 외관상 느타리와 비슷하나, 밤이나 빛이 없는 어두운 곳에서 주름살에 청백색의 인광이 나타난다.

독성분은 일리딘 S(illudin S)로 밝혀졌으며, 중독증상은 드물게 통증·메스꺼움·구토증이 나타나고, 눈앞에 나비가 날아다니는 것 같은 환상이 나타난다고 한다. 느타리와 화경버섯을 좀 더 정확하게 구별하려면 갓과 대를 잘 살펴보아야 한다.

갓 모양을 보면, 느타리도 화경버섯도 갓의 형태는 반원형이거나 원형이지만, 느타리에게는 인피가 없지만, 화경버섯에게는 인피가 있다. 대를 살펴보면, 느타리와 화경버섯 모두 대 조직이 백색이지만, 화경버섯에게는 대 조직의 대기부에 검은 반점이 있다.

※ 주의 _ 독버섯

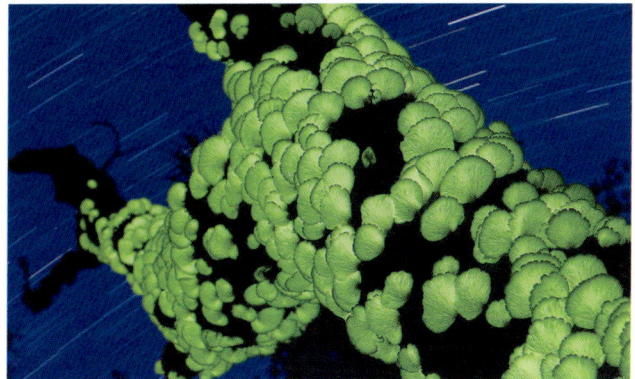

어두운 곳에서 화경버섯의 주름살에 나타나는 청백색의 인광

큰갓버섯 _ 말똥버섯

여름부터 가을까지 풀밭·숲속·목장 등의 땅 위에 자라는 버섯으로 다 자랐을 때 갓의 크기는 8~20cm로 대형 버섯에 속한다. 일명 '말똥버섯' 이라 불리기도 한다. 큰갓버섯은 주름버섯목 갓버섯과의 버섯으로 식용할 수 있다. 나물로 주물주물 무쳐 먹거나 된장국에 넣으면 구수한 맛을 낸다. 다만 독버섯인 '흰독큰갓버섯' 과는 구별해야 한다.

- **분포 지역**　전국
- **발생 장소**　초원이나 목장 혹은 혼합림
- **발생 시기**　여름~가을
- **갓의 형태**　난형~가운데가 약간 볼록한 편평형
- **갓의 크기**　8~20cm
- **갓의 표면**　갈색~연회색

- **이용 방법**　구이·볶음·찌개 등

큰갓버섯과 비슷한 **흰독큰갓버섯**

독버섯인 흰독큰갓버섯은 전문가가 아니면 식용 큰갓버섯과 구별이 어려울 정도로 유사해 해마다 사고가 끊이지 않고 있다. 흰독큰갓버섯은 큰갓버섯에 비해 갓의 크기가 비교적 작고 갓 위의 사마귀점도 큰갓버섯은 규칙적으로 나 있는 반면 흰독큰갓버섯은 없거나 불규칙적으로 나 있다.

대의 크기도 흰독큰갓버섯이 비교적 작고 가는 편이다. 특히 큰갓버섯의 대에는 뱀껍질 모양의 무늬가 있으나 흰독큰갓버섯에는 무늬가 없다. 그리고 버섯을 쪼개거나 상처를 내면 흰독큰갓버섯은 긴 부위가 적갈색으로 변한 후 암갈색으로 변하는 반면, 큰갓버섯~말똥버섯은 백색을 그대로 유지한다.

※ 주의 _ 독버섯

잣버섯_ 이깔나무버섯

여름과 가을에 걸려서 침엽수 그루터기에 발생한다. 갓 표면은 백색·황백색·황토색 바탕에 갈색의 가는 털이 비늘 모양으로 덮여 있다. 또 가운데에는 갈색의 큰 털이 밀생하며 때로는 터져서 백색의 살이 보이기도 한다. 처음에는 둥근 모양이나 편평해지며 살은 백색이고 풍부하나 질긴 편이다. 풍미가 좋은 식용버섯이지만 생식하면 가벼운 중독을 일으키기도 한다. 거의 모든 버섯이 그렇지만 특히 반드시 삶아 익혀서 조리해야 한다.

- **분포 지역**　전국
- **발생 장소**　소나무·잣나무·전나무 등의 고목
- **발생 시기**　봄~가을
- **갓의 형태**　구형~편평형
- **갓의 크기**　0.5~2cm
- **갓의 표면**　백색~황토색

- **이용 방법**　데침·볶음·찌개 등

밤버섯

가을, 송이가 발생하는 시기에 활엽수림의 지상에 발생한다. 밤을 닮아서 밤버섯이라고 한 것이 아니라 흔히 밤나무나 참나무 숲에서 자란다고 하여 붙여진 이름이다. 쓴맛이 나고 조직이 단단하다. 깨끗한 물에 씻어 데쳐서 요리에 이용하는데, 쓴맛을 없애려면 하루 정도 물에 불려 사용한다. 된장찌개에 넣어도 좋고, 돼지고기와 들기름을 넣고 볶아도 맛있다.

- **분포 지역** 전국
- **발생 장소** 활엽수림(밤나무·상수리·참나무 등의 숲)
- **발생 시기** 여름
- **갓의 형태** 반구형~편평형~깔때기형
- **갓의 크기** 4~15cm
- **갓의 표면** 백색~황회색

- **이용 방법** 데침·볶음·찌개 등
- **효능** 변비예방, 신경계통의 진정작용

벚꽃버섯 _ **다색벚꽃버섯**

가을까지 활엽수림의 흙에 무리를 지어 자란다. 갓은 처음에 둥근 우산 모양이다가 나중에 편평해지지만 가운데가 붕긋하다. 갓 표면은 점성이 있지만 채취 후 금방 건조되고, 가운데와 가장자리는 어두운 붉은색 또는 포도주색이고, 약간 검은색의 작은 비늘조각이 있다. 살은 흰색으로 연한 홍색의 얼룩이 있다.

* **분포 지역**　전국
* **발생 장소**　활엽수림의 지상
* **발생 시기**　여름~가을
* **갓의 형태**　둥근 우산모양~가운데가 볼록한 편평형
* **갓의 크기**　5~12cm
* **갓의 표면**　백색 바탕에 연한 붉은색 얼룩

* **이용 방법**　데침 · 볶음 · 찌개 등

노란구름벚꽃버섯

가을에 적송과 참나무류가 혼재한 곳의 지상에 발생하는
데(송이 발생 시기와 같다), 희귀종이다. 갓 표면은 평활하
거나 방사상으로 미세한 섬유질이 있으며, 회갈색~암회
갈색을 띠고, 습할 때 다소 점성이 있다. 살은 백색이고
잘 부서지며, 중앙 부위는 다소 두꺼우나 갓 끝 부위는 얇
다. 특별한 맛과 향은 없다.

- **분포 지역**　　전국
- **발생 장소**　　적송과 참나무류가 혼재한 곳의 지상
- **발생 시기**　　가을
- **갓의 형태**　　둥근 우산 모양~편평형
- **갓의 크기**　　4~10cm
- **갓의 표면**　　회갈색~암회갈색

- **이용 방법**　데침 · 볶음 · 찌개 등

만가닥버섯 _ **땅찌버섯**

노화 방지에 좋은 만가닥버섯은 무리지어 자생하는 특징이 있다. 찌개, 채소전에 넣어 먹기 좋은 버섯이다. 갓 모양은 송이형이고, 끝은 안쪽으로 말려 있으나, 성장하면 편평하게 펴진다. 갓 표면은 평활하고, 건성이며, 성장 초기에 갈색을 띠나 성장하면 회색을 띤다. 살은 두껍고, 육질형이며, 치밀하고, 백색이며 상처가 나도 색이 변하지 않는다. 맛은 부드럽고, 냄새는 전형적인 버섯 향이다.

- **분포 지역**   전국(특히 지리산에 많이 난다.)
- **발생 장소**   활엽수 고사목이나 그루터기
- **발생 시기**   여름~가을
- **갓의 형태**   둥근 송이 모양~편평형
- **갓의 크기**   3.5~10cm
- **갓의 표면**   갈색~회색

- **이용 방법** 데침 · 볶음 · 찌개 등
- **효능**   노화 방지

연기색만가닥버섯

가을에 활엽수림 또는 혼합림 속의 땅 위에 자라는데, 특히 참나무숲의 지상에 다발성으로 발생한다. 갓의 크기는 지름 0.5~5cm로 처음에 반구 모양이다가 호빵 모양으로 변하고 나중에 편평해진다. 갓 가장자리는 위로 말린다. 갓 표면은 처음에 어두운 회갈색이지만 나중에 회색 또는 회갈색으로 변한다. 살은 회색 또는 흰색이다.

- 분포 지역　전국(특히 방태산, 가야산에 많이 난다.)
- 발생 장소　활엽수림 또는 혼합림 속의 지상
- 발생 시기　가을
- 갓의 형태　둥근 우산 모양~편평형
- 갓의 크기　0.5~5cm
- 갓의 표면　회갈색~회색

- 이용 방법　데침 · 볶음 · 찌개 등
- 효능　　　노화방지

졸각버섯

졸각버섯은 여름과 가을에 길가나 숲속 나무 밑에 무리 지어 발생한다. 우리나라 전국 각지에 자생하며, 소형 버섯이지만 식감이 쫄깃쫄깃해 국·찌개·볶음이나 라면에 넣으면 맛이 일품이다. 졸각버섯은 갓의 지름이 통상 3㎝에 못 미치는 작은 크기라 먹을 만큼 채취하려면 시간이 많이 걸린다.

- **분포 지역**　전국
- **발생 장소**　잡목림의 지상
- **발생 시기**　여름~가을
- **갓의 형태**　둥근 우산 모양~가운데가 오목한 편평형
- **갓의 크기**　1.5~3㎝
- **갓의 표면**　살색~담홍갈색

- **이용 방법**　국·볶음·찌개 등
- **효능**　　　항암 작용

색시졸각버섯

색시졸각버섯은 활엽수림에서 주로 발생한다. 갓 표면은 담자색 또는 담황갈색이다. 졸각버섯과 비슷하지만 갓의 크기가 졸각버섯보다 크다. 살은 얇고, 탄력성이 있으며, 옅은 황색을 띤다. 색시졸각버섯 역시 아주 쫄깃쫄깃하고 맛있다. 맛과 향기는 부드럽다.

- **분포 지역**   전국
- **발생 장소**   잡목림의 지상
- **발생 시기**   여름~가을
- **갓의 형태**   둥근 우산 모양~가운데가 오목한 편평형
- **갓의 크기**   4~6cm
- **갓의 표면**   담자색~담황갈색

- **이용 방법** 국·볶음·찌개 등
- **효능**   항암작용

자주졸각버섯

자주졸각버섯은 어디든지 습한 장소에 잘 자라며, 평지에서 고산 지대까지 척박한 토양의 습한 곳에 발생한다. 버섯 전체가 보라색을 띠므로 육안적으로 쉽게 구별할 수 있다. 갓 표면은 성장 초기, 또는 습할 때 짙은 자색을 띠나, 채취 후 건조시키면 퇴색하여 옅은 회갈색으로 된다. 조직은 얇고, 섬유상 육질형이며, 다소 탄력성이 있다.

- 분포 지역　전국
- 발생 장소　잡목림의 지상
- 발생 시기　여름~가을
- 갓의 형태　둥근 우산 모양~가운데가 오목한 편평형
- 갓의 크기　4~6cm
- 갓의 표면　담자색~담황갈색

- 이용 방법　국 · 볶음 · 찌개 등
- 효능　　　항암 작용

민자주방망이버섯 _ 가지버섯

여름~가을에 혼합림 내 지상이나 목장, 또는 정원에 발생한다. 민자주방망이버섯은 성장 초기 또는 햇빛이 가려진 곳이나 신선한 버섯일 때는 짙은 자색을 띠며, 성장하면 칙칙한 황색~갈색으로 퇴색한다. 끓는 물에 데쳐놓고 냄새를 맡아 보면 약간의 곰팡이 냄새가 나기 때문에 그대로 먹는 것은 별로이고 국이나 찌개에 넣어서 먹으면 좋다.

- **분포 지역**　전국
- **발생 장소**　혼합림 내 지상, 목장, 정원 등
- **발생 시기**　여름~가을
- **갓의 형태**　둥근 우산 모양~편평형
- **갓의 크기**　6~10cm
- **갓의 표면**　자주색~황갈색

- **이용 방법**　국·찌개 등

자주방망이버섯아재비

여름~가을에 인가 주변 부식질이 많은 곳, 화전지나 정원에 발생한다. 자주방망이버섯아재비는 민자주방망이버섯보다 갓의 크기가 작고, 숲속에서 발생하지 않으며, 인가 주변의 부식질이 많은 곳에 발생하고, 아름다운 자색을 띠며, 대는 비교적 가늘고 길며, 주름살이 다소 성글다는 점에서 쉽게 구별할 수 있다.

- **분포 지역**   전국
- **발생 장소**   혼합림 내 지상·목장·정원 등
- **발생 시기**   여름~가을
- **갓의 형태**   둥근 우산 모양~편평형
- **갓의 크기**   6~10cm
- **갓의 표면**   자주색~황갈색

- **이용 방법** 국·찌개 등

왕송이

여름~가을, 유기물이 풍부한 밭이나 길가에서 다발로 발생한다. 대기부가 합쳐져 다발을 이루는 것이다. 다발의 직경이 1m가 넘는 경우도 있다. 개체별 갓의 크기는 9.5~20cm이다. 갓 모양은 초기에는 반구형 또는 만두형이다. 조직은 비교적 단단하며 백색이고, 맛과 냄새는 부드럽지만 어린 버섯일 경우에 아린 맛이 있다.

- **분포 지역**   전국
- **발생 장소**   유기물이 풍부한 밭 등
- **발생 시기**   가을
- **갓의 형태**   반구형 또는 만두형
- **갓의 크기**   9.5~20cm
- **갓의 표면**   백색~회갈색

- **이용 방법**   국·찌개 등

쓴송이

가을철 숲 속의 흙에 무리를 지어 자란다. 버섯갓은 지름
4~10cm로 처음에 원뿔 모양이다가 나중에 편평해지며
가운데가 붕긋하다. 갓 표면은 축축하면 약간 끈적거리
고 노란색으로 어두운 녹색 또는 검은 녹색의 방사상 섬
유무늬가 덮고 있다. 살은 흰색이고 표피 아래는 연한 노
란색이며 쓴맛이 조금 난다. 버섯대 속은 비어 있다.

- **분포 지역**   전국
- **발생 장소**   숲속의 땅
- **발생 시기**   가을
- **갓의 형태**   원주형~가운데가 높은 편평형
- **갓의 크기**   9.5~20cm
- **갓의 표면**   담황색~황갈색

- **이용 방법** 국 · 찌개 등

뽕나무버섯

뽕나무 버섯은 나무 뿌리에 기생하여 뿌리썩음병을 일으켜 산림에 극심한 피해를 주는 반면, 한약으로 사용되고 있는 천마와 공생하는 것으로 알려져 있어 생리, 생태적으로 대단히 흥미 있는 버섯이다. 갓 표면은 황색 또는 황갈색이며, 배추국에 넣어 끓이면 배추에 부족한 식물성 단백질을 섭취하여 서로 보완적인 작용을 한다. 유럽에서는 맛이 좋아 '꿀버섯' 이란 이름을 가지고 있다.

- **분포 지역**   전국
- **발생 장소**   숲속, 생목의 뿌리 부위
- **발생 시기**   여름~가을
- **갓의 형태**   원주형~가운데가 높은 편평형
- **갓의 크기**   4~15cm
- **갓의 표면**   백색~황갈색

- **이용 방법** 국·찌개 등
- **효능**   다이어트

뽕나무버섯부치

여름~가을에 활엽수의 고사목, 그루터기 또는 생목의 뿌리 주위에 발생한다. 뽕나무버섯부치는 뽕나무버섯과 유사하나 갓이 작고, 보다 크게 무리지어 발생하는 점이 다르다. 갓 표면은 옅은 황토색~옅은 황색, 옅은 갈황색을 띠며, 중앙 부위에는 미세한 섬유상 인편이 밀집하여 있고, 주변부에는 방사상의 선이 있다.

- 분포 지역　전국
- 발생 장소　숲속, 생목의 뿌리 부위
- 발생 시기　여름~가을
- 갓의 형태　둥근 우산 모양~편평형
- 갓의 크기　4~6 cm
- 갓의 표면　백색~황색

- 이용 방법　국·찌개 등

외대덧버섯 _ 밀버섯

활엽수 수림, 특히 참나무 군락의 낙엽이 많이 쌓여서 썩은 곳 주변에 발생하는데, 밀가루 냄새가 난다 하여 밀버섯이라고도 불린다. 갓 모양은 초기에 반구형이고, 끝은 안쪽으로 굽어 있으나, 성장하면 편평하게 된다. 갓 표면은 매끄럽고 회갈색이며 회백색의 얼룩을 이룬다. 비슷한 모양의 독버섯으로 삿갓외대버섯이나 암회색광대버섯아재비 등이 있으므로 이들 독버섯과 혼동하지 말아야 한다.

- **분포 지역**　전국
- **발생 장소**　숲속의 땅
- **발생 시기**　여름 ~ 가을
- **갓의 형태**　반구형~편평형
- **갓의 크기**　7~12cm
- **갓의 표면**　회갈색 바탕에 회백색의 얼룩

- **이용 방법**　국·찌개 등

외대덧버섯과 비슷한 삿갓외대버섯 · 암회색광대버섯아재비

여름~가을에 활엽수림의 땅에 무리를 지어 자란다. 특히 참나무숲에서 손쉽게 볼 수가 있다. 삿갓외대버섯은 지름 3~10cm로 처음에 종 모양이지만 차차 편평한 모양으로 바뀌면서 가운데만 약간 붕긋해진다. 갓 표면은 편평하고 미끄러우며 잿빛 흰색을 띠는데, 마르면 비단처럼 광택이 난다. 살은 어두운 흰색으로 외대덧버섯처럼 밀가루에서 나는 냄새와 비슷한 냄새가 난다.

그러나 외대덧버섯은 맛있는 버섯으로 사람들이 즐겨 먹는다. 그러나 삿갓외대버섯은 치명적인 독버섯이다. 대표적인 독버섯으로 무스카린 · 콜린 · 무스카리딘 등의 성분을 포함하고 있다. 주로 위에 영향을 주기 때문에 이 버섯을 먹은 뒤 30분에서 3시간 뒤에 중독 현상이 나타난다. 그리고 언뜻 보면 독버섯인 암회색광대버섯아재비와도 유사한 모양을 띠고 있다.

※ 주의 _ 독버섯

삿갓외대버섯

암회색광대버섯아재비

참부채버섯

여름~가을에 버드나무, 포플러 등 활엽수의 그루터기 또는 고사목에 무리지어 발생하는 것을 흔히 볼 수 있는 버섯이다. 생긴 모양은 느타리류와 비슷하지만 주름살이 황색을 띠며, 갓과 대에 가늘고 연한 털이 있다. 또한 독버섯인 화경버섯과도 매우 유사하며, 드물게는 화경버섯과 동시에 같은 장소에 함께 발생하기도 하므로 주의해야 한다. 화경버섯과는 갓과 대에 가는 털이 있으며, 주름살에 푸른색의 인광이 없다는 점이 다르다.(22 ~23페이지 참조)

- **분포 지역**   전국
- **발생 장소**   오리나무 · 참나무 등 활엽수의 고사목
- **발생 시기**   여름~가을
- **갓의 형태**   반원형~신장형
- **갓의 크기**   약 10cm
- **갓의 표면**   황색~황갈색, 녹색을 띤 가는 털이 있다.

- **이용 방법**   볶음, 국, 찌개 등

팽나무버섯 _ 팽이

늦가을과 이른 봄에 뽕나무·감나무·포플러 등 활엽수의 고목 또는 그루터기 주위에 발생한다. 일반적으로 버섯은 장마철을 전후하여 발생하는데, 자연산 팽나무버섯은 지상 기온이 10℃ 정도일 때 대기 중에 씨앗을 퍼뜨리기 위해 세상에 나온다. 그래서 팽나무버섯의 영어 명칭은 '겨울의 버섯(Winter mushroom)'이다. 자연산 팽나무버섯은 시중에서 판매되는 재배종과는 생태적으로 많이 다르다.

- **분포 지역** 전국
- **발생 장소** 오리나무·참나무 등 활엽수의 고사목
- **발생 시기** 늦가을~봄
- **갓의 형태** 반원형~신장형
- **갓의 크기** 2~8 cm   • **갓의 표면** 황색~황갈색

- **이용 방법** 볶음·국·찌개·전 등
- **효능** 항암 효과, 동맥 경화증 예방

나도팽나무버섯 _ 맛버섯

늦은 여름~가을에 활엽수, 특히 너도밤나무의 고사목, 그루터기에 발생한다. 갓 모양은 초기에는 반구형이고, 성장하면 편평하게 펴진다. 갓 표면은 황갈색인데 가장자리로 갈수록 옅은 황갈색을 띠며, 두꺼운 점액질로 덮여 있으나, 비 온 후에는 대부분의 젤라틴질은 소실된다. 대는 길이가 3~7cm이고, 상부는 백색이며 하부는 담황갈색 또는 갈색인데 점액질이 덮여 있다.

- **분포 지역**   전국
- **발생 장소**   너도밤나무의 고사목, 그루터기
- **발생 시기**   늦여름~가을
- **갓의 형태**   반구형~편평형
- **갓의 크기**   3~9cm
- **갓의 표면**   황색~황갈색

- **이용 방법**   볶음·국·찌개 등

달걀버섯

여름에서 가을까지 혼합림 내 지상에 발생한다. 전 세계적으로 가장 잘 알려진 식용버섯 중 하나로서 우리나라에서는 지역에 따라 달걀버섯 또는 계란버섯이라 하며 식용하여 왔다. 유럽에서는 고대 로마시대에 네로 황제에게 달걀버섯을 진상하면 그 무게를 달아 같은 양의 황금으로 하사했다는 일화가 있을 정도로 귀하게 여겼다. 갓이 얇고 약하고 미끈미끈하여 씹는 감촉은 아주 좋다. 호박잎에 싸서 구워먹으면 맛이 좋다.

- 분포 지역 남부 지방(소백산 · 지리산 · 한라산 등)
- 발생 장소 혼합림 내 지상
- 발생 시기 여름~가을
- 갓의 형태 반원형~신장형
- 갓의 크기 5.5~18cm
- 갓의 표면 담황색~황색, 점성 조금 있다.

- 이용 방법 볶음 · 찌개 · 구이 등

노란달걀버섯

여름에서 가을까지 혼합림 내 지상에 발생는데, 국내에서는 매우 드물게 발생한다. 달걀버섯과 매우 비슷하나 갓과 대의 색이 황색을 띤다는 점에서 쉽게 구별된다. 갓 표면은 평활하며, 아름다운 난황색~황색을 띠며, 주변부 위는 다소 옅은 색이고, 방사상의 홈선이 선명하게 있다. 습할 때 다소 점성이 있다. 그러나 노란달걀버섯도 독버섯인 개나리광대버섯과 비슷하므로 주의해야 한다.

- **분포 지역** 남부 지방(지리산 등)
- **발생 장소** 혼합림 내 지상
- **발생 시기** 여름~가을
- **갓의 형태** 반원형~편평형
- **갓의 크기** 3.5~10cm
- **갓의 표면** 난황색~황색, 습할 때 점성 조금 있다.

- **이용 방법** 볶음 · 찌개 등.

노란달걀버섯과 비슷한
개나리광대버섯

전국에 걸쳐 여름부터 가을에 침엽수림 또는 활엽수림 내 지상에서 흩어져 발생한다. 이 버섯은 노란달걀버섯과 형태적으로 유사하나 갓 색깔은 노란색으로 가운데가 누런 갈색이며, 방사상 섬유처럼 생긴 줄무늬가 조금 있고 축축하면 점성을 조금 띤다. 살은 육질로서 흰색이고 표피 밑은 노란색이다. 갓은 지름 3.5~8.0cm로 처음에 약간 원뿔 모양이다가 나중에 편평해진다.

주름살과 턱받이는 흰색이고, 대의 표면은 옅은 등황색을 띤다. 대의 기부에는 얇은 흰색 막상의 대주머니가 있다. 이 버섯을 먹고 중독되면 출혈성 위염, 급성신 부전 및 간부전을 초래하고, 중독 증상이 심하면 생명을 잃게 된다. 최근 일부 지역에서 이 버섯을 노란달걀버섯으로 잘못 알고 먹은 사람들이 중독되어 사망하였다.

※ 주의_독버섯

기와버섯 _ 청버섯

여름~가을에 주로 잡목림의 지상에 하나씩 발생한다. 갓의 표면이 녹색~회녹색을 띠고, 성장하면 갓 표피가 갈라져 마치 깨진 기와를 늘어놓은 것처럼 된다. 국내에서는 야생식용버섯 중에 옛날부터 널리 알려진 식용버섯이다. 청버섯 · 청갈버섯이라고도 한다. 갓은 지름 6~12cm이고, 처음에 둥근 우산 모양이다가 편평해지며 나중에는 깔때기 모양으로 변한다.

- 분포 지역   전국
- 발생 장소   혼합림의 지상
- 발생 시기   여름~가을
- 갓의 형태   둥근 우산 모양~편평형~깔때기형
- 갓의 크기   6~12cm
- 갓의 표면   녹색~회록색, 표피가 불규칙하게 갈라진다.

- 이용 방법   볶음 · 찌개 등

젖버섯

여름~가을까지 잡목림의 지상에서 발생한다. 갓은 적갈색이고 가운데가 오목하게 들어가 있다. 갓은 크기가 4~18cm이고, 초기에는 반구형이고 끝은 안쪽으로 굽어 있으나, 성숙하면 끝이 펴지면서 중앙이 오목한 편평형이 된다. 상처를 내면 젖과 같은 액체가 흐르는데, 처음에는 백색이나 시간이 경과하면 갈색으로 변하고, 유액은 다량 분비된다. 매운 맛이 있으므로 물에 담가 우렸다가 식용하면 맛있다.

- **분포 지역**　전국
- **발생 장소**　혼합림의 지상
- **발생 시기**　여름~가을
- **갓의 형태**　반구형~편평형~깔때기형
- **갓의 크기**　6~12cm
- **갓의 표면**　백색~담황색 바탕에 황색~황갈색 얼룩

- **이용 방법**　볶음 · 찌개 등

76

붉은젖버섯

늦여름~가을에 혼합림의 지상에 발생한다. 갓 전체가 아름다운 등황색이며, 유액 역시 등황색인데, 시간이 경과하여도 변색되지 않으며, 유액량은 적다. 갓의 지름은 5~15cm로 처음에 둥근 우산 모양이다가 나중에 깔때기 모양으로 변한다. 갓 표면은 붉은빛을 띤 누런색이며 동심원 무늬가 뚜렷하지 않다. 대에 곰보 모양의 반점이 있으며, 반점은 대부분 짙은 등황색을 띤다.

- **분포 지역**   전국
- **발생 장소**   혼합림의 지상
- **발생 시기**   여름~가을
- **갓의 형태**   반구형~편평형~깔때기형
- **갓의 크기**   5~15cm
- **갓의 표면**   등황색 바탕에 동심원 무늬

- **이용 방법** 볶음 · 찌개 등

젖버섯아재비

늦여름~가을(지역에 따라서는 가을)에 주로 적송림의 지상에 발생한다. 갓 표면에 짙은 색의 환무늬가 있고, 습하면 점성 조금 있고 담홍갈색~담황적갈색인데 진한 색의 동신원상의 무늬가 있다. 상처가 난 부분은 청록색으로 변한다. 대는 길이 2~5cm로 속은 차 있거나 비었고 표면은 갓과 동색이다. 대도 역시 상처를 입으면 암홍색의 젖이 나오며, 청록색으로 변하기 때문에 자실체에 청록색의 얼룩이 생긴다.

- **분포 지역**   전국
- **발생 장소**   적송림의 지상
- **발생 시기**   늦여름~가을
- **갓의 형태**   가운데가 오목하며 깔때기 모양
- **갓의 크기**   5~10cm
- **갓의 표면**   담홍갈색~담황적갈색

- **이용 방법**   볶음 · 찌개 등

꾀꼬리버섯

늦여름~가을에 혼합림의 지상에 발생한다. 오이버섯으로도 잘 알려져 있다. 주변에서 쉽게 구할 수 있지만, 우리나라에서는 식용에 잘 활용되지 않는다. 하지만 맛과 향기가 높아 특히 유럽인이 아주 좋아한다. 버섯에서 살구향이 난다. 갓은 가운데가 조금 오목하고 원형인데, 가장자리는 얕게 갈라지며 물결 모양이고, 표면은 매끄럽다. 꾀꼬리버섯에는 식이섬유소가 풍부하여 대장암을 예방한다.

- **분포 지역**   전국
- **발생 장소**   혼합림의 지상
- **발생 시기**   늦여름~가을
- **갓의 형태**   가운데가 조금 오목한 부정 원형
- **갓의 크기**   3~8cm   • **갓의 표면**   황색~담황색

- **이용 방법** 볶음·국·찌개 등
- **효능**   대장암예방

애기꾀꼬리버섯

여름~가을에 혼합림의 지상에 무리지어 발생한다. 갓은 소형이고, 전체가 황색~난황색을 띠며, 오이꽃 모양이다. 갓 모양은 둥근 우산 모양을 거쳐 가운데가 오목한 편평형으로 된다. 대는 길이가 2~3cm 이고 원통형이며, 매끄럽고, 위아래 크기가 같거나 아래가 가늘다

- 분포 지역　전국
- 발생 장소　혼합림의 지상
- 발생 시기　늦여름~가을
- 갓의 형태　가운데가 조금 오목한 부정 원형
- 갓의 크기　0.5~3cm
- 갓의 표면　황색~난황색

- 이용 방법　볶음 · 국 · 찌개 등
- 효능　　　대장암예방

뿔나팔버섯

여름~가을에 활엽수림 또는 혼합림 속의 부엽토에 뭉쳐서 자란다. 갓은 지름 1~5cm이고 버섯의 높이는 5~10cm이며, 갓 모양은 나팔 혹은 깊은 깔때기모양인데, 가운데는 자루의 기부까지 비어 있다. 그리고 가장자리는 얇게 갈라지며 물결 모양이고, 회색~회갈색이고 가는 인편조각으로 덮인다. 뿔나팔버벗은 검어서 잘 안 보이므로 자세히 살펴봐야 발견할 수 있다. 뿔나팔버섯의 검은색은 오랜 요리에도 검은빛이 배어 나오지 않는다.

- **분포 지역**　전국
- **발생 장소**　활엽수림 또는 혼합림 속의 부엽토
- **발생 시기**　여름~가을
- **갓의 형태**　나팔 혹은 깊은 깔때기 모양
- **갓의 크기**　1~5cm
- **갓의 표면**　회색~회갈색

- **이용 방법**　볶음 · 국 · 찌개 등

나팔버섯

여름~가을에 침엽수림 내 또는 혼합림의 지상에 발생한다. 어릴 때는 뿔피리 모양이나 나중에 자라면서 깊은 깔때기 모양~나팔 모양이 된다. 갓은 지름 4~12cm이고 처음에 뿔피리 모양이다가 자라면서 깊은 깔때기 또는 나팔 모양으로 변하며 가운데는 뿌리 부근까지 파인다. 갓 표면은 황토색 바탕에 적홍색 반점이 있고 위로 뒤집힌 큰 비늘 조각이 있다. 대의 높이는 10~12cm이고, 적색의 원통형이며, 속은 비어 있다.

- **분포 지역** 전국
- **발생 장소** 혼합림의 지상
- **발생 시기** 여름~가을
- **갓의 형태** 나팔 혹은 깊은 깔때기 모양
- **갓의 크기** 4~12cm
- **갓의 표면** 황토색 바탕에 적홍색 반점

- **이용 방법** 볶음 · 국 · 찌개 등

노루궁뎅이버섯

가을에 떡갈나무, 너도밤나무 등 활엽수의 생목의 상처 부위, 고목 또는 잘린 부위에 발생한다. 전체가 백색이고, 주먹 모양 또는 짧고 뭉툭한 원통형의 대에서 바늘 같은 비늘이 길게 늘어진 모습이 마치 노루꼬리 모양과 같다. 서구화된 식생활로 인해 만성 질환이 증가하는 이때 성인 100명 중 7명이 당뇨 환자라는데, 노루궁뎅이버섯은 당뇨 예방에 효과적이라고 한다.

- **분포 지역** 전국
- **발생 장소** 활엽수의 고목, 생목의 상처 부위
- **발생 시기** 가을
- **갓의 형태** 반구형
- **갓의 크기** 5~25cm
- **갓의 표면** 백색

- **이용 방법** 볶음 · 구이 · 찌개 등
- **효능** 당뇨 예방, 장질환 예방

침버섯

여름~가을에 활엽수 고사목에 발생한다. 자실체가 백색이며, 부채형이고, 갓 하면에 침상돌기가 있다. 인도·일본·한국에서만 발견되는 특이한 버섯이다. 자실체는 버섯자루가 없고 다수 중첩으로 발생한다. 조직은 유연한 육질이나 마르면 강인해진다. 향기가 강하여 싫어하는 사람도 있지만 뜨거운 물에 데친 후, 물은 버리고 요리를 하면 강한 향 냄새는 없어진다.

- **분포 지역**   전국
- **발생 장소**   활엽수의 고사목
- **발생 시기**   여름~가을
- **갓의 형태**   부채형
- **갓의 크기**   3~7 cm
- **갓의 표면**   백색

- **이용 방법** 볶음·찌개 등
- **효능**   혈압 강하 작용·신경안정 작용

개암버섯

가을에, 특히 밤 주울 무렵에 졸참나무·참나무·밤나무 등 활엽수의 그루터기나 넘어진 나무 또는 흙에 묻혀 있는 나무에서 뭉쳐 난다. 갓은 지름 3~8cm로 처음에 반구 모양 또는 둥근 산 모양에서 나중에 편평해진다. 표면은 밝은 다갈색이며 가장자리에 흰 외피막이 있다. 갓주름은 빽빽하고 처음에는 노란빛을 띤 흰색이나 포자가 익으면 연한 자줏빛을 띤 갈색으로 된다.

- 분포 지역 전국
- 발생 장소 활엽수의 그루터기
- 발생 시기 가을
- 갓의 형태 반구형
- 갓의 크기 3~8cm
- 갓의 표면 밝은 다갈색

- 이용 방법 볶음·찌개 등

흰우단버섯

여름~가을에 혼합림의 지상이나 잔디밭에 발생한다. 흰
우단버섯은 자실체가 대형이고, 백색이며, 주름살은 대
에 내린주름살이란 특징이 있다. 갓 표면은 백색 또는 희
미한 크림색이고 견사상의 광택이 있고 평활하다. 그리
고 미세한 인편이 있고 가장자리는 아래로 말린다. 대는
크기가 5~15cm이고 속은 차 있고 갓과 같은 색갈이다.
맛은 약한 밀가루 냄새가 나며, 약간 쓰다.

- **분포 지역**　전국
- **발생 장소**　혼합림의 지상이나 잔디밭
- **발생 시기**　여름~가을
- **갓의 형태**　반구형
- **갓의 크기**　7~25cm
- **갓의 표면**　백색 또는 희미한 크림색

- **이용 방법**　볶음 · 찌개 등

애기버섯

봄에서 가을에 봄부터 가을까지 숲속의 부식토 또는 낙엽에 무리를 지어 자란다. 갓은 1~4 cm로 표면은 평활하고, 갓 표면은 밋밋하고 황토색, 크림색이지만 건조하면 색이 연해진다. 대는 비어 있고 갓과 같은 색이며 기부는 약간 부풀어 있다. 낙엽을 분해시키는 낙엽분해균이다. 맛은 팽나무버섯과 비슷하다. 하지만 점성이 없고, 대가 단단하여 씹는 맛이 쫄깃하다.

- 분포 지역　전국
- 발생 장소　수풀의 부엽토
- 발생 시기　봄~가을
- 갓의 형태　반구형~편평형
- 갓의 크기　1~4 cm
- 갓의 표면　황갈색~크림색

- 이용 방법　볶음·찌개 등

버터애기버섯

여름부터 가을까지 활엽수림 및 침엽수림의 흙에 무리를 지어 자란다. 버섯갓은 지름 3~6 cm로 처음에 둥근 우산 모양이다가 나중에 편평해진다. 갓 표면은 흡습성이 있으며 밋밋한데, 축축할 때는 붉은 갈색 또는 어두운 올리브빛 갈색이고 건조할 때는 잿빛 흰색이지만 가운데는 색깔이 변하지 않는다. 살은 처음에 연한 홍색 또는 연한 갈색이다가 나중에 흰색으로 변한다.

- 분포 지역　전국
- 발생 장소　숲속의 지상
- 발생 시기　여름~가을
- 갓의 형태　반구형~편평형
- 갓의 크기　3~6 cm
- 갓의 표면　적갈색~황갈색

- 이용 방법　볶음 · 찌개 등

우산버섯

여름에서 가을에 걸쳐 침엽수림과 활엽수림 속의 땅 위에 흩어져서 자라거나 한 개씩 자란다. 버섯갓은 지름 5~7cm이고 표면이 회색 또는 회백색이며 살은 흰색이다. 갓의 모양은 처음에 원뿔 모양이다가 둥근 우산 모양을 띤 후 편평한 모양으로 변한다. 가장자리는 홈이 파진 줄이 방사상을 이룬다. 버섯대는 길이 5~20cm이고 위쪽이 상대적으로 가늘며 속은 비어 있다.

- 분포 지역　전국
- 발생 장소　숲속의 지상
- 발생 시기　여름~가을
- 갓의 형태　원뿔형~편평형
- 갓의 크기　5~6cm
- 갓의 표면　회색~회갈색

- 이용 방법　볶음 · 찌개 등

흰우산버섯

여름에서 가을까지 혼합림의 땅 위에 흩어져 자라거나 한 개씩 자란다. 자실체는 전체적으로 흰색이며 버섯갓 가장자리에는 방사상 홈으로 된 줄이 있다. 버섯대에는 턱받이가 없고, 버섯대주머니가 있다. 우산버섯의 변종으로서 식용할 수 있으나 생식하면 중독되는 경우가 있으므로 주의해야 한다. 특히 맹독성의 독우산광대버섯과 전체적으로 모양이 비슷하므로 주의해야 한다.

- **분포 지역** 전국
- **발생 장소** 숲속의 지상
- **발생 시기** 여름~가을
- **갓의 형태** 둥근 우산 모양~편평형
- **갓의 크기** 5~7 cm
- **갓의 표면** 백색~회백색

- **이용 방법** 볶음 · 찌개 등

흰우산버섯과 비슷한 독우산광대버섯

여름~가을에 잡목림 내 지상 특히 떡갈나무·벚나무, 부근의 지상에 발생한다. 독우산광대버섯은 어릴 때는 작은 달걀 모양이고, 성장하면 백색의 대와 갓이 나타나며, 주름살은 성장 후에도 백색을 유지하고, 대 표면에 손거스러미모양의 비늘이 있다.

국내에서 매년 많은 사람들이 독우산광대버섯에 의해서 중독되어 희생되고 있다. 그 이유는 독우산광대버섯을 갓버섯이나 흰우산버섯으로 잘못 알고 먹기 때문이다. 우리나라에서 발생하는 광대버섯 중에서 독성이 가장 강한 맹독성인 버섯이다. 유럽에서는 이 버섯을 '죽음의 천사(destroing angel)' 라고 한다. 어떤 경우에라도 버섯은 자기가 확실하게 식용여부를 아는 것만 먹어야 한다. 우리나라에 나는 버섯의 90% 정도가 독버섯이다.

※ 주의_ 독버섯

무리우산버섯

봄부터 가을까지 활엽수 또는 침엽수의 고사목 또는 그루
터기에 무리지어 자란다. 갓 모양은 초기에는 둥근 우산
모양이다가 자라면서 점차 편평해지고 가운데가 붕긋하
다. 갓 표면은 축축하면 점성이 있고, 황갈색 또는 다갈색
이며 가장자리에 뚜렷한 줄무늬가 나타난다. 대는 길이
4~7 cm로 윗부분에 막질 또는 섬유질의 턱받이가 있다.

- 분포 지역　　전국
- 발생 장소　　고사목 또는 그루터기
- 발생 시기　　봄~가을
- 갓의 형태　　둥근 우산 모양~편평형
- 갓의 크기　　1.5~3cm
- 갓의 표면　　황갈색~다갈색

- 이용 방법　봄음 · 찌개 등

109

풀버섯

봄부터 가을에 걸쳐 썩은 볏짚·퇴비더미 위나 그 주변에 무리지어 발생한다. 갓 모양은 초기에는 작고 검은 달걀 모양이나, 점차 윗부분이 파열되어 갓과 대가 나타난다. 중국에서는 초고(草菰)버섯·솔버섯, 우리나라에선 주로 볏짚에서 재배된다고 해서 볏짚버섯, 버섯의 모양을 두고 숫총각버섯이라고도 불린다. 풀버섯은 전염병에 대한 저항력을 증진시키고, 혈압 강하 작용을 하는 것으로 밝혀져 있다.

- **분포 지역**　전국
- **발생 장소**　썩은 볏짚·퇴비더미 위나 그 주변
- **발생 시기**　봄~가을
- **갓의 형태**　달걀 모양~편평형
- **갓의 크기**　3.5~15cm　　**갓의 표면** 회갈색~흑갈색

- **이용 방법** 볶음·찌개 등
- **효능**　　　면역력 증강, 혈압 강하 작용

난버섯

봄부터 가을까지 활엽수의 죽은 나무, 그루터기 등에 무리를 지어 자라거나 한 개씩 자란다. 버섯갓은 성장 초기에는 둥근 우산 모양이다가 나중에 편평해지며 가운데가 볼록하다. 갓 표면은 회갈색으로 방사상의 섬유 무늬 또는 작은 비늘 조각이 덮고 있다.

버섯대는 굵기 6~12mm, 길이 6~12cm이고 버섯대 표면은 흰색 바탕에 섬유 무늬가 있으며 속이 차 있다.

- 분포 지역   전국
- 발생 장소   활엽수의 죽은 나무, 그루터기 등
- 발생 시기   봄~가을
- 갓의 형태   둥근 우산 모양~편평형
- 갓의 크기   4.5~10cm
- 갓의 표면   회갈색

- 이용 방법 볶음 · 찌개 등

노란난버섯

봄~가을에 활엽수의 고목에 주로 발생하는데 종종 침엽수의 부후목에도 발생한다. 요즘은 전국 각 지역의 표고나 영지버섯 재배 후 폐목에 주로 발생한다. 갓 모양은 둥근 우산 모양에서 편평하여진다. 갓 표면은 평활하며, 아름다운 난황색~황금색이며, 가운데에 주름이 있고, 습할 때 가장자리에 줄무늬 선이 나타난다. 대의 길이는 3~7 cm이고, 위아래 같은 굵기이다.

- **분포 지역**   전국
- **발생 장소**   활엽수의 고목 등
- **발생 시기**   봄 ~ 가을
- **갓의 형태**   둥근 우산 모양~편평형
- **갓의 크기**   3.5~6 cm
- **갓의 표면**   난황색~황금색

- **이용 방법**   볶음 · 찌개 등

큰갓버섯

갓버섯이라고도 한다. 여름부터 가을까지 숲속, 대나무밭, 풀밭의 땅에서 한 개씩 자란다. 버섯갓은 지름 8~20cm이고 처음에 달걀 모양이다가 나중에 편평해지며 가운데가 조금 붕긋하다. 갓 표면은 연한 갈색 또는 연한 회색의 해면질이며 갈색 또는 회갈색의 표피가 터져서 비늘 조각이 된다. 버섯대는 길이 15~30cm이고, 뿌리 부근이 불룩하며 속이 비어 있다.

- **분포 지역**   전국
- **발생 장소**   숲속, 대나무밭, 풀밭
- **발생 시기**   여름~가을
- **갓의 형태**   달걀 모양~편평형
- **갓의 크기**   8~20cm
- **갓의 표면**   갈색~회갈색

- **이용 방법**   볶음 · 찌개 등

큰갓버섯과 비슷한 **흰독큰갓버섯**

가을에 밤나무 조림지나 목장, 혹은 혼합림의 지상에 발생한다. 흰독큰갓버섯은 식용버섯으로 유명한 큰갓버섯과 유사하다. 독버섯인 흰독큰갓버섯은 전문가가 아니면 식용 큰갓버섯과 구별이 어려울 정도로 유사해 해마다 사고가 끊이지 않고 있다.

흰독큰갓버섯은 큰갓버섯에 비해 갓의 크기가 비교적 작고, 갓 위의 사마귀점도 큰갓버섯은 규칙적으로 나 있는 반면 흰독큰갓버섯은 없거나 불규칙적으로 나 있다. 대의 크기도 흰독큰갓버섯이 비교적 작고 가는 편이다. 특히 큰갓버섯의 대에는 뱀껍질 모양의 무늬가 있으나 흰독큰갓버섯에는 무늬가 없다.

식용버섯과 독버섯 구별법으로 잘못 알려진 내용 중에 '대가 세로로 찢어지면 먹을 수 있다'는 속설이 있다. 그러나 현재 알려진 독버섯 중에서 2~3종을 제외하고 거의 모든 독버섯이 세로로 잘 찢어진다.

※ 주의_독버섯

주름버섯

여름~가을에 잔디밭과 목장 골프장, 목초지 등 부식질이 많은 곳에 발생한다. 자실체 전체가 백색이고, 대의 길이가 갓 직경보다 일반적으로 짧다. 갓 모양은 둥근 우산 모양에서 편평하게 된다. 갓 표면은 백색에서 황적색이 되고, 비늘 조각이 있으며 가장자리는 어릴 때 안으로 말린다. 대는 높이 5~10cm이고, 백색이고, 속은 차 있다가 비게 된다.

- 분포 지역　전국
- 발생 장소　부식질이 많은 곳
- 발생 시기　여름~가을
- 갓의 형태　달걀 모양~편평형
- 갓의 크기　5~10cm
- 갓의 표면　백색~황적색

- 이용 방법　볶음 · 찌개 등

낭피버섯

여름~가을에 침엽수림의 습기 찬 지상에 발생한다. 버섯
갓은 지름 2~5cm이며 처음에 원뿔 모양이다가 나중에
가운데가 붕긋한 편평형이 된다. 갓 표면은 황토색이고
작은 알맹이로 촘촘하게 덮여 있으며 방사상 주름도 있
다. 살은 노란색이다. 주름살은 올린주름살로 조금 촘촘
하며 흰색이다. 버섯대는 굵기 3~8mm, 길이 3~6cm이
고 속이 비어 있으며, 버섯대 윗부분에 턱받이가 있고, 흰
색 가루 같은 것으로 덮여 있다.

- **분포 지역** 전국
- **발생 장소** 부식질이 많은 곳
- **발생 시기** 여름~가을
- **갓의 형태** 원뿔 모양~편평형
- **갓의 크기** 2~5cm
- **갓의 표면** 황토색

- **이용 방법** 볶음 · 찌개 등

먹물버섯

봄~가을에 정원이나 목장 또는 잔디밭의 부식질이 많은 곳에 발생한다. 갓 모양은 원주형 또는 긴 난형이며, 자루의 반 이상이 갓으로 싸여 있다. 어릴 때에만 식용한다. 버섯갓의 가장자리가 먹물처럼 녹아 내릴 때부터는 맛이 없어 먹지 않는다.

유럽에서는 '잉크버섯(inky mushroom)'이라 하여 오랜 옛날에 액화 현상에 의해 생성된 검은 액을 받아 동양의 먹물 대신에 글 쓰는 데 사용하여 왔다.

- **분포 지역**　전국
- **발생 장소**　부식질이 많은 곳
- **발생 시기**　봄~가을
- **갓의 형태**　원주형~긴 달걀형
- **갓의 크기**　3~5cm
- **갓의 표면**　회황색

- **이용 방법**　볶음 · 찌개 등

노랑먹물버섯

여름~가을에 벚나무·참나무·수양버드나무 등의 그루터기나, 통나무 등에 발생한다. 버섯갓은 지름 2~3cm로 처음에 달걀 모양이다가 종 모양이나 원뿔 모양으로 변하고 나중에 편평해지며 가장자리는 위로 감긴다. 갓 표면은 황갈색이고 솜털 모양 또는 껍질 모양의 비늘 조각으로 덮여 있으며 가장자리에는 방사상의 줄무늬 홈이 있다. 먹물이 녹아 내리기 전, 어릴 때에만 식용한다.

- **분포 지역** 전국
- **발생 장소** 부식질이 많은 곳
- **발생 시기** 봄~가을
- **갓의 형태** 달걀형~원주형
- **갓의 크기** 3~5cm
- **갓의 표면** 회황색

- **이용 방법** 볶음·찌개 등

두엄먹물버섯

봄부터 가을까지 정원·풀밭 등에 뭉쳐서 자라거나 무리를 지어 자란다. 버섯갓은 지름 5~8cm로 달걀 모양이다가 원뿔 모양이나 종 모양으로 변한다. 갓 표면은 흰색에서 회색 또는 엷은 회색빛을 띤 갈색으로 변하며, 가장자리에는 방사상의 홈으로 된 줄과 주름이 있다. 주름은 처음에는 흰색이나 차차 자줏빛을 띤 회색에서 검은색으로 변하고, 액체로 변하여, 마침내 버섯대만 남게 된다.

- **분포 지역**   전국
- **발생 장소**   부식질이 많은 곳
- **발생 시기**   봄~가을
- **갓의 형태**   달걀형~원추형
- **갓의 크기**   5~8cm
- **갓의 표면**   회백색~회갈색

- **이용 방법** 볶음·찌개 등

큰눈물버섯

늦은 봄, 여름~가을에 혼합림의 지상이나 부식질이 많은 잔디 위, 또는 도로변에 발생한다. 갓 모양은 어릴 때는 종 모양이다가 자라면서 편평해지며, 갓 표면은 다갈색 또는 황갈색이며 섬유상의 인편으로 덮여 있고, 가장자리에는 내피막의 흔적인 섬유상의 털이 붙어 있다.

대는 길이 3~10cm이고 갓과 같은 색의 섬유로 덮여 있다. 대 위쪽에는 백색의 가루 같은 것이 있다. 턱받이는 불완전하고 솜털 모양 또는 섬유상인데 포자가 붙어 있어 검은색으로 보인다.

- 분포 지역　전국
- 발생 장소　부식질이 많은 곳
- 발생 시기　봄~가을
- 갓의 형태　종형~편평형
- 갓의 크기　3~10cm　　• 갓의 표면　다갈색~황갈색

- 이용 방법　볶음 · 찌개 등

족제비눈물버섯

이른 여름~가을에 숲·정원·공원 주위의 활엽수 그루터기 또는 그 주위, 나무토막이 매몰된 지상에 무리져 발생한다. 갓 모양은 종형에서 편평하게 되며, 갓 표면은 연한 황색~담황갈색이며 가장자리는 탁한 갈색이다. 대는 높이 4~8cm로 백색이며, 속은 비었고, 내피막은 가장자리에 파편이 붙어 있다가 곧 떨어진다.

- **분포 지역** 전국
- **발생 장소** 활엽수 그루터기 또는 그 주위
- **발생 시기** 여름~가을
- **갓의 형태** 종형~편평형
- **갓의 크기** 3~7cm
- **갓의 표면** 황색~담황갈색

- **이용 방법** 볶음·찌개 등

133

볏짚버섯

봄~가을에 숲속, 공원, 초지, 도로변에 발생한다. 갓 모양은 초기에는 반구형이고, 끝은 안쪽으로 굽어 있으며, 성장하면 편평하게 펴지며, 드물게는 갓 끝에 백색막질의 내피막 잔유물이 부착되어 있다. 갓 표면은 종종 건조 시에 거북등처럼 갈라진다. 어린 시기는 암갈색을 띠고, 성장하면 퇴색되어 옅은 황토갈색 ~ 담황색으로 된다. 조직은 다소 두껍고, 유백색이다. 맛은 다소 쓰며, 밀가루 냄새가 난다.

- **분포 지역** 전국
- **발생 장소** 숲속 · 공원 · 초지 · 도로변 등
- **발생 시기** 봄~가을
- **갓의 형태** 반구형~편평형
- **갓의 크기** 3~9 cm
- **갓의 표면** 암갈색 ~ 담황색

- **이용 방법** 볶음 · 찌개 등

보리볏짚버섯

여름~가을에 활엽수와 침엽수혼합림의 산길·공원·초지 등에서 발생한다. 갓 모양은 초기에는 반구형이고, 갓 끝은 내피막으로 싸여 있으나 성장하면 편평하게 펴진다. 갓 표면은 매끈하고, 갓 주변부에 다소 방사상의 주름선이 있다. 그리고 어릴 때나 습할 때 다소 미끄럽거나 점성이 있고, 암갈색~적갈색을 띠나, 건조하면 건변색 현상이 일어나고, 주름선은 없어지며, 옅은 갈색을 띤다.

- **분포 지역**   전국
- **발생 장소**   숲속, 공원, 초지 등
- **발생 시기**   여름~가을
- **갓의 형태**   반구형~편평형
- **갓의 크기**   2~7 cm
- **갓의 표면**   암갈색~갈색

- **이용 방법** 볶음·찌개 등

황토볏짚버섯

봄에서 가을까지 밭·길가·목장 등 유기물이 많은 땅
위나 썩은 짚 위에 무리지어 자란다. 버섯갓은 지름
6~18mm이고 처음에 둥근 우산처럼 생겼다가 편평해진
다. 갓 표면은 황토색이고 밋밋하며 축축할 때는 점성이
있다. 버섯대는 길이 3~4cm이고 밑부분은 불룩하며 흰
색 균사다발이 있다. 버섯대 속은 비어 있다. 밀가루 냄새
가 나며, 맛은 부드럽다.

- **분포 지역**　전국
- **발생 장소**　밭·길가·목장 등 유기물이 많은 땅
- **발생 시기**　봄~가을
- **갓의 형태**　둥근 우산 모양~편평형
- **갓의 크기**　6~18cm
- **갓의 표면**　황토색

- **이용 방법**　볶음·찌개 등

버들볏짚버섯 _ 버들송이

봄~여름에 산지, 도시 공원의 나무, 가로수 등의 활엽수 고사목 또는 생목의 썩은 부위에 발생한다.
최근에 톱밥을 이용한 톱밥병재배 방법이 개발되어 시중에 시판되고 있다. 갓 모양은 둥근 우산 모양에서 성장하면 편평하게 되고, 갓 표면 매끄럽고, 황토갈색이며, 주름이 있다. 대는 길이 3~8cm 이고, 속은 차 있으며, 섬유상의 줄무늬를 나타내고, 백색이다.

- **분포 지역** 전국
- **발생 장소** 활엽수 고사목 또는 생목의 썩은 부위
- **발생 시기** 봄~여름
- **갓의 형태** 둥근 우산 모양~편평형
- **갓의 크기** 3~10cm
- **갓의 표면** 황토갈색

- **이용 방법** 볶음·찌개 등

외대버섯 _ 굽은외대버섯

가을에 활엽수림의 지상에 발생한다. 버섯갓은 지름 8~15cm의 원형이고, 편평하지만 가운데가 조금 튀어나와 있다. 갓 표면은 누런 회색이며 축축하면 점성이 조금 있고 갓 가장자리는 물결 모양이다. 살은 흰색이며 부서지기 쉽다. 대는 길이 4~5cm 이고, 백색에서 담갈색으로 되는데, 약간 뒤틀리는 현상이 있어서 굽은외대버섯이라고도 한다. 대가 비교적 크며, 단단하다.

- **분포 지역**　전국
- **발생 장소**　활엽수림의 지상
- **발생 시기**　가을
- **갓의 형태**　원형~편평형
- **갓의 크기**　8~15cm
- **갓의 표면**　누런 회색

- **이용 방법**　볶음 · 찌개 등

143

못버섯

여름~가을에 침엽수림, 특히 소나무 숲의 지상에 발생한다. 버섯갓은 처음에 원뿔 모양이다가 나중에 호빵 모양으로 변하며, 가운데가 뾰족하거나 붕긋하다. 갓 표면은 축축하면 끈적끈적하고 비단실처럼 생긴 섬유로 얇게 덮여 있으며, 나중에는 밋밋해진다. 갓 표면의 색은 처음에 진흙빛 갈색이다가 나중에 적갈색으로 변한다. 버섯대는 길이 3~8 cm로 뿌리 부근이 더 가늘다.

- **분포 지역**　전국
- **발생 장소**　침엽수림의 지상
- **발생 시기**　여름~가을
- **갓의 형태**　원뿔형~호빵형
- **갓의 크기**　2~7 cm
- **갓의 표면**　갈색~적갈색

- **이용 방법**　볶음 · 찌개 등

마개버섯

가을에 침엽수림(특히 잣나무 숲)의 지상에 발생하는데, 국내에서는 발생 빈도가 비교적 낮은 희귀종이다. 갓 모양은 초기에 둔한 원추형이고, 끝은 안쪽으로 말려 있으나, 성장하면 편평하게 퍼지고, 중앙 부위가 약간 들어간 것도 있다. 표면은 습할 때 점성이 많고, 초기에는 유백색이나 성장하면 옅은 토황색~옅은 갈색으로 되며, 종종 흑색~흑갈색으로 얼룩이 진다.

- **분포 지역** 전국(희귀종)
- **발생 장소** 침엽수림의 지상
- **발생 시기** 가을
- **갓의 형태** 원추형~편평형
- **갓의 크기** 3~11㎝
- **갓의 표면** 유백색~옅은 갈색

- **이용 방법** 볶음 · 찌개 등

그늘버섯

여름부터 가을까지 활엽수림의 흙에서 군생하거나 단생한다. 갓은 지름 4～9cm이고 처음에 둥근 우산 모양이다가 편평해지며, 더 자라면 접시 모양으로 변한다. 갓 표면은 회백색으로 습할 때는 점성이 있고, 미세한 가루로 덮여 있으며, 갓 가장자리는 안쪽으로 감긴다. 살은 흰색으로 밀가루 같은 맛과 냄새가 난다. 대는 길이 2～5cm이며, 흰색 또는 회백색이고, 자루의 속은 차 있다.

- **분포 지역** 전국
- **발생 장소** 활엽수림의 지상
- **발생 시기** 여름
- **갓의 형태** 둥근 우산 모양～편평형～접시 모양
- **갓의 크기** 4～9cm
- **갓의 표면** 회백색

- **이용 방법** 볶음 · 찌개 등

매화그늘버섯

여름에 혼합림의 부식질이 풍부한 땅 위에 발생한다. 갓 모양은 초기에는 반구형이고, 끝은 안쪽으로 말려 있으며, 성장하면 점차 펴져 편평하게 된다. 갓 표면은 유백색 또는 옅은 황색이고, 일반적으로 건성이나 습할 때 다소 점성이 있다. 조직은 비교적 두껍고, 백색이며, 밀가루 냄새가 나며, 맛은 부드럽다. 대는 갓과 같은 색이거나 보다 옅은 색이다.

- 분포 지역　전국
- 발생 장소　혼합림의 부식질이 풍부한 땅
- 발생 시기　여름
- 갓의 형태　반구형~편평형
- 갓의 크기　3~7 ㎝
- 갓의 표면　유백색~옅은 갈색

- 이용 방법　볶음 · 찌개 등

침비늘버섯

여름부터 가을까지 활엽수의 쓰러진 나무나 그루터기에 뭉쳐서 자란다. 갓은 지름 3~13cm이고 어릴 때는 반구형이다가 성숙하면 둥근 우산 모양으로 변한다. 갓의 표면은 점성이 있고 연한 노란색이며, 갈색 비늘이 갓 가장자리에서 가운데 쪽으로 붙어 있다. 성숙하면 갓 표면은 가운데가 십자형으로 갈라지기도 한다. 살은 질기고 흰빛을 띤 노란색이다. 대는 길이 2.5~6cm이다.

- 분포 지역　전국
- 발생 장소　활엽수의 고사목, 그루터기
- 발생 시기　여름~가을
- 갓의 형태　반구형~둥근 우산 모양
- 갓의 크기　3~13cm
- 갓의 표면　유백색~옅은 갈색

- 이용 방법　볶음 · 찌개 등

풍선끈적버섯

여름~가을에 침엽수림과 혼합림의 지상에 발생한다. 갓 모양은 초기에는 반구형이고, 가장자리는 거미집 모양의 내피막으로 싸여 있으나, 성장하면 편평하게 퍼진다. 갓 표면은 갈색 또는 황토갈색을 띠며, 습할 때 점성이 있다. 조직은 다소 두껍고, 연한 자주색이다. 특별한 맛과 냄새는 없다. 대의 길이는 3.5~7.5cm이고, 속은 차 있다.

- **분포 지역**　전국
- **발생 장소**　침엽수림과 혼합림의 지상
- **발생 시기**　여름~가을
- **갓의 형태**　반구형~편평형
- **갓의 크기**　5~10cm
- **갓의 표면**　갈색~황토갈색

- **이용 방법**　볶음 · 찌개 등

풍선끈적버섯아재비

늦은 여름~가을에 주로 소나무숲의 지상에 발생한다. 갓의 모양은 초기에는 반구형이나 성장 후에는 중앙이 볼록한 편평형이 된다. 갓 표면은 습할 때 점성이 있고, 초기에는 암자색을 띠나 성장하면 중앙 부위는 황토갈색을 띠며, 주변 부위는 옅은 자색을 띤다. 조직은 옅은 보라색을 띠며, 맛과 향기는 불분명하다. 대는 길이 4~8 cm이며, 속은 차 있다.

분포 지역	전국
발생 장소	소나무 숲의 지상
발생 시기	늦여름~가을
갓의 형태	반구형~편평형
갓의 크기	3.5~7 cm
갓의 표면	암자색~황토갈색
이용 방법	볶음 · 찌개 등

푸른끈적버섯

가을철 활엽수가 섞인 소나무숲 속의 땅에 무리를 지어 자란다. 갓 모양은 처음에 둥근 우산 모양이다가 나중에 편평해진다. 갓 표면은 끈적끈적하고 청자색이며 가운데는 갈색이다. 살은 연한 자주색이고 물렁물렁하다. 대는 길이 4~7 cm이고 곤봉처럼 생겼다. 버섯대 표면은 끈적끈적하고 연한 자주색이다가 아랫부분은 차차 탁한 노란색으로 변한다.

- **분포 지역**   전국
- **발생 장소**   소나무숲의 지상
- **발생 시기**   늦여름~가을
- **갓의 형태**   둥근 우산 모양~편평형
- **갓의 크기**   2.5~5 cm
- **갓의 표면**   암자색~황토갈색

- **이용 방법**   볶음 · 찌개 등

차양끈적버섯

가을에 혼합림 속의 땅에서 무리를 지어 자라거나 한 개
씩 자란다. 갓 모양은 처음에 반구형으로 생겼다가 나중
에 편평해지며, 가장자리는 안으로 말린다. 갓 표면은 전
체적으로는 붉은 갈색이지만 중앙 부분은 검은 갈색이
며, 흰빛을 띤 회갈색의 솜털 비늘이 구불거리면서 갓 표
피에 붙어 있다. 살은 흰색이며 무와 비슷한 매운맛이 난
다. 대는 9~13㎝이고 밑부분이 약간 불룩하다.

- **분포 지역**　전국
- **발생 장소**　혼합림 속의 땅
- **발생 시기**　가을
- **갓의 형태**　반구형~편평형
- **갓의 크기**　5~10cm
- **갓의 표면**　붉은 갈색~검은 갈색

- **이용 방법**　볶음 · 찌개 등

진흙끈적버섯

가을에 침엽수와 활엽수가 혼재한 숲의 지상에 발생한다. 매우 희귀한 종이라 잘 발견되지 않는다. 갓 모양은 처음에 종처럼 생겼다가 나중에 편평해지지만 가운데가 붕긋하다. 갓 표면은 진흙빛을 띤 갈색 또는 누런 갈색이며, 심한 점액 물질로 덮여 있어 끈적끈적하다. 살은 흰색이다가 갈색으로 변하며 냄새는 나지 않는다. 대는 굵기 길이 5~8cm이며, 아랫부분으로 갈수록 약간 더 가늘어진다.

- **분포 지역**   강원도 일부지역
- **발생 장소**   혼합림 속의 땅
- **발생 시기**   가을
- **갓의 형태**   종형~편평형(가운데가 붕긋하다.)
- **갓의 크기**   4~7cm
- **갓의 표면**   진흙빛 갈색~누른 갈색

- **이용 방법** 볶음 · 찌개 등

뿌리자갈버섯

가을에 참나무, 벚나무 등 활엽수림 내 지상에 발생한다. 갓 모양은 초기에는 반구형이고, 갓 끝은 안쪽으로 굽어 있으나, 성장하면 점차 편평하게 펴진다. 갓 표면은 중앙은 담황갈색을 띠며, 주변부는 거의 유백색이다. 습할 때는 점성이 있다. 조직은 두껍고, 다소 단단하며, 백색이고, 맛은 부드러우며, 독특한 냄새가 있다. 대는 크기가 7~15cm인데, 뿌리의 2/3는 땅 속으로 뻗어 있다. 대 속은 차 있다.

- 분포 지역   전국
- 발생 장소   활엽수림의 지상
- 발생 시기   가을
- 갓의 형태   반구형~편평형
- 갓의 크기   6~13cm
- 갓의 표면   담황갈색~유백색

- 이용 방법 볶음 · 찌개 등

노란띠버섯

가을에 주로 침엽수림(특히 적송)의 지상에 발생한다. 갓 모양은 초기에는 반구형이고, 성장하면 갓은 점차 펴져 편평하게 펴진다. 갓 표면은 황토색 또는 황토갈색이며, 흰색 또는 자주색 비단빛이 나는 섬유로 덮여 있다가 없어지고, 방사상의 주름이 있다. 조직은 비교적 얇고, 맛과 향기가 아주 좋다. 대는 길이가 5.5 ~14cm로 원통형이고, 상부 쪽이 가늘다.

- **분포 지역** 남부 지방(한라산 등)
- **발생 장소** 침엽수림의 지상
- **발생 시기** 가을
- **갓의 형태** 반구형~편평형
- **갓의 크기** 4~13cm
- **갓의 표면** 황토색~황토갈색

- **이용 방법** 볶음 · 찌개 등

청머루무당버섯

여름에서 가을에 참나무류의 숲 또는 혼합림 내 지상에 발생한다. 반반구형에서 성장하면 끝이 편평하게 펴지며 약간 중앙 부위가 낮거나 드물게는 깔때기형으로 된다. 표면은 습할 때 점성이 있고, 자색·옅은 홍색·청색·녹색 또는 올리브색 등 다양한 색깔을 나타낸다. 조직은 비교적 두껍고 백색이며 상처시 색깔의 변화가 없다. 맛과 냄새는 부드럽다. 대는 원통형으로 상하 굵기가 비슷하고 다소 단단하며 표면은 백색으로 변색하지 않는다.

- **분포 지역**   전국
- **발생 장소**   참나무류의 숲 또는 혼합림의 지상
- **발생 시기**   여름~가을
- **갓의 형태**   반구형~편평형~깔때기형
- **갓의 크기**   5~15cm
- **갓의 표면**   자색·옅은 적색·청색·녹색 등

- **이용 방법** 볶음·찌개 등

푸른주름무당버섯

가을에 혼합림의 지상에 발생한다. 갓 모양은 초기에는
반구형이고, 끝은 안쪽으로 굽어 있어서 거의 대를 싸고
있으나 성장하면 끝이 펴지며, 종종 깔때기형으로 된다.
표면은 건성이고, 담황갈색 또는 백색이고, 종종 흙이나
낙엽이 부착되어 있다. 조직은 두껍고, 백색이며 상처가
나도 색깔의 변화가 없다. 맛은 부드럽고, 냄새는 없다.
대는 2~6cm로 원통형이며, 짧고 뭉툭하다.

- **분포 지역**   전국
- **발생 장소**   혼합림의 지상
- **발생 시기**   가을
- **갓의 형태**   반구형~편평형~깔때기형
- **갓의 크기**   5~14cm
- **갓의 표면**   백색~담황갈색

- **이용 방법** 볶음 · 찌개 등

싸리버섯은 식용으로 인기가 높아 버섯 전골·전·볶음이
나 된장국 등의 부재료로도 널리 쓰인다.

그러나 식용할 때는 끓는 물에 삶아 내고 가늘게 찢어 물
에 2일간 담가 두었다가 요리해야 탈을 일으키지 않는다.
이때 하루에 3~4차례 물을 우려내야 하고 빨래 짜듯 물을
꼭 짜낸 후 다시 우려내야 한다. 이렇게 해서 식용하면 싸
리버섯의 참맛을 느낄 수 있다.

늦여름~가을에 활엽수림 지역에서 무리지어 발생하는 싸
리버섯은 갓의 형태가 산호 모양 또는 싸리빗자루와 비슷
하여 붙어진 이름이다.

싸리버섯은 과일 향기와 닭고기의 흰살 맛이 나며, 뿌리덩
어리 부분을 잘게 썬 것은 씹히는 마치 맛이 전복과 비슷
하다. 그러나 식용싸리버섯이라고 하더라도 과식하면 위
장 장애 현상이 나타난다.

특히 노랑싸리버섯, 붉은싸리버섯 등은 자실체의 색깔이
노란색과 붉은색을 띠는데 설사·구토·복통을 일으키는
독버섯이다.

싸리버섯 (식용버섯)

자실체는 높이와 폭이 10~20cm 정도이고, 산호 모양이
며, 위쪽으로 계속 반복하여 분지가 형성되고, 마지막 분
지는 짧고 뭉툭하다. 가지 끝은 연한 홍색 또는 연한 자색
이고, 가지의 나머지 부분은 흰색인데, 시간이 오래 지나
면 황토색으로 변한다.

좀나무싸리버섯(식용버섯)

자실체는 높이가 5~13㎝이고 전체적으로 빗자루처럼 생겼으며 가지가 갈라져 있다. 하나의 마디에서 가지로 갈라지고, 또다시 여러 번 갈라져 전체가 왕관처럼 생겼다. 버섯갓은 성장 초기에는 황백색~옅은 황토색이다가 성장하면 갈황토색~적갈색으로 된다.

붉은싸리버섯(독버섯)

자실체의 높이가 5~20cm, 너비는 10~20cm로 산호형
이다. 자루는 짧고 뭉툭하며, 가지가 여러 개로 나뉘어 있
다. 가지의 면은 오렌지빛을 띤 홍색이다. 성숙하면 약간
갈색으로 변한다. 또 흠집이 생기면 붉은빛을 띤 갈색으
로 변한다. 먹으면 설사를 한다.

황금싸리버섯(독버섯)

자실체는 지름 5~20cm, 높이 7~15cm이며 뿌리 부근이 굵고 나뭇가지처럼 가지가 많이 갈라진다. 자실체의 표면은 전체적으로 황금색 또는 노른자색이며 뿌리 부근만 흰색이다. 꽃양배추 모양이며, 가지는 짧고, 빽빽하다. 먹으면 구토와 설사를 한다.

자주색싸리버섯(독버섯)

자실체의 높이가 6~12cm, 너비는 4~10cm로 산호형이
고, 많은 분지가 생기는데, 위쪽 분지는 처음에는 황색이
나 후에 황토색이 되고, 기부는 백색이나 상처가 나면 적
자색이 된다. 조직은 백색 섬유질이다. 먹으면 구토와 설
사를 한다.

국수버섯

가을에 숲속의 흙이나 부식물이 많은 땅에서 자란다. 자실체는 높이 3∼12cm로 고립 자실체이고, 때로는 군생을 하며 3∼6개체가 서로 달라붙어서 나기도 한다. 표면은 흰색이나 나중에 연한 노란색으로 된다. 살은 연하여 쉽게 부서진다. 3∼5mm 굵기의 원통형이나 성숙하면서 양끝이 뾰족한 원기둥 모양으로 변한다. 자루는 짧아서 잘 구별되지 않으며, 약간의 흔적이 있을 정도이다.

- **분포 지역** 전국
- **발생 장소** 부식물이 많은 땅
- **발생 시기** 가을
- **갓의 형태** 원기둥형
- **갓의 크기** 3∼12cm
- **갓의 표면** 백색∼연황색

- **이용 방법** 볶음 · 찌개 등

자주국수버섯

가을에 소나무와 같은 침엽수림의 땅 위에 뭉쳐 나거나 무리 지어 난다. 자실체는 길이가 2.5~7.8cm, 굵기가 0.2~0.5cm로 끝이 뾰족한 원통형 또는 국수모양으로, 가운데가 굵고 위와 아랫부분이 가늘다. 보통 10개 이상의 자실체가 다발 형태로 난다. 표면은 매끈하며 옅은 보라색 혹은 잿빛 자주색이며, 점차 황토빛 보라색으로 퇴색되며, 아랫부분은 흰색을 띤다. 조직은 속이 비어 있고, 잘 부서진다.

- 분포 지역　전국
- 발생 장소　침엽수림의 땅
- 발생 시기　가을
- 갓의 형태　원통형
- 갓의 크기　2.5~7.8cm
- 갓의 표면　연보라색~자주색

- 이용 방법　볶음 · 찌개 등

턱수염버섯

여름에서 가을까지 침엽수림이나 혼합림의 땅에 무리를 지어 자란다. 갓은 지름 2~10㎝이고, 가운데가 파인 둥근 모양이거나 모양이 일정하지 않고 편평하지 않다. 갓 표면은 밋밋하거나 잔털이 있고 연한 노란색이지만 건조하면 누런 갈색으로 변한다. 갓 가장자리는 물결 모양이다. 살은 흰색의 육질이며 부드럽고 두꺼워 쉽게 부서진다. 대는 길이 2~5㎝이고 속이 차 있다.

- **분포 지역**   전국
- **발생 장소**   침엽수림이나 혼합림의 땅
- **발생 시기**   여름~가을
- **갓의 형태**   일정하지 않다.
- **갓의 크기**   2.5~7.8㎝
- **갓의 표면**   연한 노란색

- **이용 방법** 볶음 · 찌개 등

까치버섯 _ **먹버섯**

가을에 혼합림의 땅에 한 개씩 또는 무리를 지어 돋는다. 버섯은 뿌리목 부분에서 여러 번 갈라져 꽃양배추 모양을 이루는데 높이 10~40cm, 지름 10~30cm이다. 갓의 표면은 흑회색이고, 조직은 자랄 때에는 부드럽고 탄력이 있는 육질이지만 마르면 부스러지기 쉽다. 염장을 하면 이듬해 봄에까지 먹을 수 있고, 신선할 때 살짝 끓는 물에 데쳐서 초고추장에 찍어 먹거나 무쳐서 먹는다. 해초 냄새가 난다.

- **분포 지역**　전국
- **발생 장소**　혼합림의 지상
- **발생 시기**　가을
- **갓의 형태**　꽃양배추 모양
- **갓의 크기**　10~30cm
- **갓의 표면**　흑회색

- **이용 방법**　볶음 · 무침 · 찌개 등

185

흰굴뚝버섯

흰굴뚝버섯은 가을에 송이 발생이 끝날 무렵이면, 소나무림 특히 20년생이 안 된 잔솔밭에 주로 발생한다. 일반적으로 대가 짧아, 버섯은 솔잎이나 낙엽 속에 싸여 있어, 쉽게 발견할 수 없으나, 붕긋한 낙엽을 제쳐 보면 그 속에 하나둘씩 또는 서너 개가 무리지어 나타난다. 갓 표면은 처음에는 회색빛을 띠는 흰색이다가 점차 진한 회색으로 된다. 조직은 흰색인데 흠집이 생기면 붉은빛을 띤 자주색으로 변하며 육질은 두껍고 질기다.

- **분포 지역**   전국
- **발생 장소**   소나무가 있는 혼합림의 땅
- **발생 시기**   가을
- **갓의 형태**   둥근 우산 모양~편평형
- **갓의 크기**   5~20㎝
- **갓의 표면**   연회색~진회색

- **이용 방법**   볶음·무침·찌개 등

187

잎새버섯 _ **무이버섯**

가을에 졸참나무, 물푸레나무의 뿌리 근처에 기생하여 다발로 발생한다. 은행나뭇잎처럼 생긴 갓들이 여러 겹 겹쳐져 자실체 다발을 이루고, 색은 흑갈색, 회갈색이다. 잎새버섯은 모든 요리에 다양하게 활용할 수 있는 식용 버섯이다. 일찍부터 그 희소성 때문에 숲의 보석이라고 불렸는데, 최근에는 혈당 저하에 탁월한 효능이 있는 것으로 알려져 더욱 각광받고 있다.

- **분포 지역**   전국
- **발생 장소**   졸참나무, 물푸레나무의 뿌리 근처
- **발생 시기**   가을
- **갓의 형태**   다발형
- **갓의 크기**   5~20㎝
- **갓의 표면**   흑갈색~회갈색

- **이용 방법**   볶음 · 찌개 · 무침 · 전 · 죽 · 차 등
- **효능**   혈당저하, 비만방지

189

덕다리버섯

여름~가을까지 침엽수나 활엽수의 생목 또는 고목에 발생한다. 갓은 부채꼴 또는 반원형으로 여러 개가 중첩되어 30cm 내외의 버섯덩어리로 된다. 하나하나의 갓은 나비가 5~20cm, 두께는 1~2cm이고, 표면은 유황색이며 뒷면은 선명한 노란색이다. 어렸을 때는 식용하는데 닭고기와 같은 맛이 난다고 하여 외국에서는 닭고기버섯이라고 한다. 국내에는 매우 드물다. 어린 시기 또는 신선할 때에만 식용한다.

- **분포 지역**　전국
- **발생 장소**　침엽수나 활엽수의 생목 또는 고목
- **발생 시기**　여름~가을
- **갓의 형태**　다발형
- **갓의 크기**　약 30cm　• **갓의 표면**　유황색

- **이용 방법**　달이거나 차로 마신다.
- **효능**　　　허약체질 개선 · 기력 보강

망태버섯

여름에서 가을에 걸쳐 주로 대나무숲이나 잡목림의 땅에 여기저기 흩어져 자라거나 한 개씩 자란다. 망태버섯은 백색의 그물치마가 대부분 대 기부까지 자란다. 유럽에서는 '여왕버섯(Queen mushroom)'이라 불려지고 있을 정도로 매우 우아하고 아름다운 버섯이다. 중국에서는 건조품을 죽손(竹蓀)이라 하여 귀중한 식품으로 이용하고 있고, 죽순(竹筍)과 함께 요리하면 더욱 깊은 맛을 볼 수 있다.

- **분포 지역** 남부 지방
- **발생 장소** 대나무 숲이나 잡목림의 땅
- **발생 시기** 여름~가을
- **갓의 형태** 그물치마형
- **갓의 크기** 3~5㎝
- **갓의 표면** 백색~황색

- **이용 방법** 볶음 · 찌개 등

노란망태버섯

여름 장마철과 가을에 연 2회 혼합림의 지상에 발생한다. 자실체 그물치마의 황색을 제외하고는 모든 면에서 앞에 기술한 망태버섯과 매우 유사하다. 어린 시기의 자실체는 구형이고, 성숙하면 외피막의 정단 부위가 갈라지며, 원통상의 대가 위로 빠르게 신장된다.

- **분포 지역** 남부 지방
- **발생 장소** 대나무 숲이나 잡목림의 땅
- **발생 시기** 여름~가을
- **갓의 형태** 그물치마형
- **갓의 크기** 3~5㎝
- **갓의 표면** 백색~황색

- **이용 방법** 볶음 · 찌개 등

알버섯

여름 장마철과 가을에 모래 땅의 소나무 숲, 특히 해변의 모래 땅에 무리를 지어 자라는데, 주로 땅 속에 묻혀 있다. 자실체는 작은 감자 모양이며, 지름은 1~5cm이다. 표면은 매끄럽고 흰색이나 땅 위로 파내면 누런 갈색에서 붉은 갈색으로 변한다. 자실체 밑면에는 뿌리 모양의 균사다발이 달라붙어 엉켜 있다. 속살은 처음에 흰색이지만 점차 노란색에서 어두운 갈색으로 변한다. 어릴 때는 냄새와 맛이 좋아 식용할 수 있으나 성장 후에는 다소 악취가 난다.

- **분포 지역**　남부 지방 해안가
- **발생 장소**　소나무 숲이 있는 모래 땅
- **발생 시기**　여름~가을
- **갓의 형태**　구형
- **갓의 크기**　1~5cm　• **갓의 표면**　백색~갈색

- **이용 방법**　볶음 · 찌개 등

197

석이

깊은 산의 바위에 붙어서 자란다. 석이(石耳)는 버섯이기 보다는 바위에 달라붙어서 습기를 먹고 자생하는 이끼류 이다. 석이의 지름은 보통 3~10cm이고, 간혹 30cm를 넘는 것도 있다. 표면은 황갈색 또는 갈색으로 광택이 없고, 뒷면은 흑갈색 또는 흑색으로 미세한 과립형 돌기가 있다. 마르면 단단하지만 물에 삶으면 물미역과 같이 보들보들해진다. 석이는 맛이 담백하며, 튀김이나 무침으로 많이 쓰인다.

* **분포 지역**　강원도 등 북부 지방
* **발생 장소**　깊은 산의 바위
* **발생 시기**　연중
* **갓의 형태**　귀 모양
* **갓의 크기**　3~10cm　　* **갓의 표면**　황갈색~갈색

* **이용 방법**　튀김 · 무침 · 각종 음식의 고명 등
* **효능**　　　강장 · 지혈 등

목이

목이(木耳)라는 이름은 사람의 귀와 닮았다고 하여 붙여진 것이다. 여름~가을, 장마철에 주로 활엽수의 고목에서 발생하는데, 특히 뽕나무·물푸레나무·닥나무·느릅나무·버드나무에서 발생한 것을 5목이라고 하며 품질이 가장 좋다. 성장 초기에는 갈색을 띠고 후에는 흑색으로 된다. 부드럽고 쫄깃해 맛있다. 목이버섯은 식이섬유소 함량이 매우 높고, 비타민 D가 풍부하여 여성의 건강에 아주 좋다.

- **분포 지역** 전국
- **발생 장소** 활엽수의 고목
- **발생 시기** 여름~가을
- **갓의 형태** 귀 모양
- **갓의 크기** 2~5㎝   • **갓의 표면** 갈색~흑색

- **이용 방법** 볶음·무침·죽 등
- **효능**   피부미용·다이어트 등

털목이

늦은 봄, 여름~가을의 장마철에 활엽수의 고목 또는 가지 위에 발생한다. 목이와 유사하나 자실체가 목이보다 크다. 그리고 버섯대를 가지고 있다. 갓 표면은 다갈색 또는 흑갈색이고, 작은 털 같은 비늘조각이 덮고 있다. 살은 단단한 육질로서 두껍고, 흰색 바탕에 연한 적갈색을 띠는데, 가끔 줄이 있는 것도 있다. 끓는 물에 데쳐 기름장 등에 찍어 먹으면 맛이 좋다. 쓴맛이 난다.

- 분포 지역　전국
- 발생 장소　활엽수의 고목 또는 가지 위
- 발생 시기　봄~가을
- 갓의 형태　귀 모양
- 갓의 크기　4~8cm
- 갓의 표면　다갈색~흑갈색

- 이용 방법　볶음 · 데침 · 무침 등
- 효능　　　피부미용 등

좀목이

여름 장마 초기부터 가을에 각종 활엽수의 죽은 가지나 그루터기에 발생한다. 자실체는 일반적으로 나무의 수피가 갈라진 곳에서 나오며, 갓은 성장하면 주름져 불규칙한 닭의 볏 또는 꽃잎 모양을 이루며, 옅은 갈색 또는 암적갈색을 띤다. 점차 무리지어 집단을 형성하여 해초나 수국모양을 이룬다. 자실체 표면에는 작은 젖꼭지 같은 돌기가 있고, 마르면 종이처럼 얇고 단단해진다.

- **분포 지역**　전국
- **발생 장소**　활엽수의 고목 또는 가지 위
- **발생 시기**　봄~가을
- **갓의 형태**　귀 모양
- **갓의 크기**　4~8㎝
- **갓의 표면**　갈색~암적갈색

- **이용 방법**　볶음 · 무침 등
- **효능**　피부미용 등

헛바늘목이

여름 장마철에서 가을에 삼나무 생목의 수피에 하나씩 또는 무리지어 발생한다. 갓 표면은 초기에는 순백색을 띠나, 성장하면 다소 옅은 황색~옅은 황토색으로 퇴색된다. 갓 끝은 약간 파상으로 굴곡이 있다. 갓 하면은 초기에는 순백색이지만 성장하면 퇴색하여 옅은 황색을 띠고, 가시형 돌기가 전면에 돋아나 있으며, 대는 없거나 짧으며, 갓 측면에 있다. 발생 빈도가 작아서 식용할 기회를 얻기가 쉽지 않다.

- **분포 지역**   남부 지방
- **발생 장소**   삼나무 생목의 수피
- **발생 시기**   여름~가을
- **갓의 형태**   반원형~주걱형
- **갓의 크기**   4~5㎝
- **갓의 표면**   백색~연황색

- **이용 방법**   볶음·무침 등

흰목이 _ 은이

은이(銀栮)라고도 한다. 여름과 가을에 각종 활엽수의 죽은 나무 또는 나뭇가지에서 자란다. 자실체는 크기가 3~8㎝이지만 건조해지면 작아지면서 단단해진다. 전체가 순백색의 반투명한 젤리 모양이며 겹꽃 모양 또는 닭의 볏 모양을 하고 있다. 중국에서는 불로장생의 효과가 있다 하여 고급요리에 사용하고 있다.

- 분포 지역 남부지방
- 발생 장소 활엽수의 죽은 나무 또는 나뭇가지
- 발생 시기 여름~가을
- 갓의 형태 겹꽃 모양
- 갓의 크기 3~8㎝
- 갓의 표면 백색

- 이용 방법 볶음·무침 등
- 효능 뇌세포 보호, 항암 효과, 생리 불순, 고혈압 등

고무버섯

여름~가을에 참나무, 밤나무 등 활엽수의 고사목, 그루터기에 발생한다. 처음에는 둥근 접시 모양이나 자라면서 차츰 오므라져 얕은 컵 모양이 된다. 윗면은 처음에는 갈색이며, 완전히 자라면 흑갈색이 되고 아랫면은 진한 갈색이다. 조직은 연한 갈색이며, 고무처럼 탄력성이 매우 높은 젤라틴질로 되어 있다. 옆면에는 불규칙한 주름들이 있다. 맛과 냄새는 거의 없다.

- 분포 지역　전국
- 발생 장소　활엽수의 고사목, 그루터기
- 발생 시기　여름~가을
- 갓의 형태　구형~역원추형
- 갓의 크기　2~4㎝
- 갓의 표면　갈색~흑갈색

- 이용 방법　볶음·찌개 등

211

주발버섯

여름~가을에 퇴비더미 주위, 우분 또는 마분이 있는 주위에 무리를 지어 자란다. 자실체는 지름 3~10㎝이고 주발처럼 생겼다. 자실체의 바깥면은 연한 갈색인데, 백색 인분이 있어 백색을 띤다. 안쪽면은 암갈색인데, 여러 개가 모여 나므로 서로 눌려서 불규칙하게 비뚤어져 있다. 버섯대는 없다.

- **분포 지역**　전국
- **발생 장소**　활엽수의 고사목, 그루터기
- **발생 시기**　여름~가을
- **갓의 형태**　주발형
- **갓의 크기**　3~10㎝
- **갓의 표면**　갈색

- **이용 방법**　볶음 · 찌개 등

곰보버섯

봄에 활엽수림의 땅에 발생한다. 다소 드물게 발생하는 편이지만 전국에서 발견된다. 자실체는 갓과 자루로 되어 있으며, 갓은 연한 노란색이고 넓은 달걀 모양이며 바구니눈 모양의 홈이 있고 무른 육질이다. 대의 높이는 6~12cm이다. 곰보버섯에는 무려 21종이나 되는 유리 아미노산을 함유하고 있어서 소고기보다 더 구수하고 맛이 썩 좋다. 그러나 곰보버섯을 식용하려면 반드시 익혀 먹어야 한다. 생식하면 중독된다.

- **분포 지역**   전국
- **발생 장소**   활엽수림의 지상
- **발생 시기**   봄
- **갓의 형태**   호두껍질 모양
- **갓의 크기**   3~6cm
- **갓의 표면**   황토색

- **이용 방법** 볶음 · 찌개 등

말뚝버섯

여름~가을에 혼합림 또는 대나무숲에서 한 개씩 자란다. 어려서는 반지하생으로 흰색 알 모양이며, 밑부분에는 뿌리와 같은 균사다발이 붙어 있다. 윗부분이 터져서 버섯이 솟아나온다. 갓은 종 모양이고, 성숙하면 갓 전면에는 주름이 생겨 다각형의 그물 모양 돌기가 생기며, 여기에 암록갈색의 악취가 나는 점액이 붙는다. 이 점액이 생기기 전, 알 상태에 가까울 때 식용하고, 이후에는 식용할 수 없다.

- 분포 지역   전국
- 발생 장소   혼합림 또는 대나무숲의 지상
- 발생 시기   여름~가을
- 갓의 형태   알 모양~종 모양
- 갓의 크기   4~5㎝
- 갓의 표면   연녹색~암녹색

- 이용 방법   구이 · 볶음 등

가죽밤그물버섯

여름부터 가을까지 숲속의 땅에서 자란다. 갓은 지름이 5~10cm로 둥근 우산 모양이며 주변에는 막질의 내피막 흔적이 붙어 있다. 표면은 건조하고 오래된 적색 바탕에 암갈색 또는 흑갈색의 큰 비늘 조각이 있어서 국화꽃 모양과 비슷하다. 살은 연한 노란색인데 공기에 닿으면 푸른색으로 변한다. 대는 길이 7~10cm로 흑갈색이며, 윗부분은 홍자색이고 기부는 굵다. 자루 속은 꽉 차 있다.

- 분포 지역　전국
- 발생 장소　숲속의 땅
- 발생 시기　여름~가을
- 갓의 형태　둥근 우산 모양
- 갓의 크기　5~10cm
- 갓의 표면　적색 바탕에 갈색 비늘

- 이용 방법　볶음 등

털밤그물버섯

여름~가을에 참나무림, 적송림 또는 혼합림의 땅이나 부식토 위에 무리를 지어 자라거나 한 개씩 자란다. 갓은 둥근 우산처럼 생겼거나 편평하다. 갓 표면은 갈색이거나 연한 황토색이고, 털이 없으며 건조한 편이다. 조직은 황토색이고 공기에 노출되어도 색깔이 변하지 않는다. 대는 길이 8~16cm이며 기부가 굵고 속이 차 있다. 대 표면은 약간 점성이 있고 적갈색이며, 굵은 그물눈처럼 생긴 융기가 있다.

- **분포 지역** 전국
- **발생 장소** 참나무림, 적송림 또는 혼합림의 땅
- **발생 시기** 여름~가을
- **갓의 형태** 둥근 우산 모양~편평형
- **갓의 크기** 4~11cm
- **갓의 표면** 갈색~연한 황토색

- **이용 방법** 볶음 등

털귀신그물버섯

여름~가을에 혼합림의 지상에 발생한다. 갓 모양은 초기에는 반구형이고, 백색의 면모상 막질의 내피막으로 싸여 있으며, 성장하면 둔반구형으로 되고, 갓 끝에 내피막의 잔유물이 부착되어 있으나 시간이 경과하면 탈락된다. 갓 표면은 회갈색~흑갈색이다. 조직은 두껍고 백색이인데, 상처가 나면 먼저 적색으로 변하고, 후에 흑색으로 변한다. 대는 4~13cm로 원통형으로 종종 굽어 있다. 견고하고, 속은 차 있으나 잘 부러진다.

- **분포 지역**   전국
- **발생 장소**   혼합림의 지상
- **발생 시기**   여름~가을
- **갓의 형태**   반구형~둔반구형
- **갓의 크기**   5~10cm
- **갓의 표면**   회갈색~흑갈색

- **이용 방법** 볶음 등

껄껄이그물버섯

여름~가을에 활엽수가 섞인 소나무숲의 땅에 한 개씩 자란다. 갓 모양은 처음에 반구형이다가 둥근 우산 모양으로 변하고, 나중에는 편평해진다. 갓 표면은 황토색인데, 주름이 자라면서 갈라져서 연한 노란색이 살이 드러난다. 살은 흰색 또는 노란색으로 두껍고 촘촘하다. 대는 길이 5~13cm이고, 곤봉형이다. 대의 표면은 노란색 바탕에 황갈색의 작은 반점이 빽빽이 나 있다.

- **분포 지역**   남부 지방
- **발생 장소**   활엽수가 섞인 소나무숲의 땅
- **발생 시기**   여름 ~ 가을
- **갓의 형태**   반구형~편평형
- **갓의 크기**   7~20㎝
- **갓의 표면**   황토색

- **이용 방법**   볶음 등

거친껄껄이그물버섯

여름~가을에 활엽수림(주로 포플러 숲)의 지상에 발생한다. 갓 모양은 초기에는 반구형이고, 성장하면 평편하게 퍼지며, 드물게는 갓 끝이 관공보다 약간 신장되어 갓깃을 형성하기도 한다. 표면은 어두운 황토색~옅은 황갈색을 띠며, 습할 때 다소 점성이 있다. 조직은 두껍고, 부드러우며, 백색이다. 대는 길이 7~13㎝이고, 위쪽으로 가면서 점차 한쪽으로 구부러진다. 속은 차 있다. 식용버섯이긴 하지만 생식하면 중독된다.

- **분포 지역**　전국
- **발생 장소**　활엽수림의 지상
- **발생 시기**　여름~가을
- **갓의 형태**　반구형~편평형
- **갓의 크기**　5~15㎝
- **갓의 표면**　어두운 황토색~옅은 황갈색

- **이용 방법**　볶음 등

흰둘레그물버섯

여름부터 가을까지 활엽수림의 땅에 무리를 지어 자라거나 한 개씩 자란다. 갓 모양은 처음에 둥근 우산 모양이다가 나중에 편평해지고, 가운데가 오목해진다. 갓 표면은 건성이고, 황갈색을 띠며, 미세한 섬유상의 누운 털이 밀집되어 있다. 조직은 다소 두껍고, 백색이며, 단단하다. 대는 길이 4~7 cm이고, 색깔은 갓 표면과 비슷하다.

- **분포 지역**　전국
- **발생 장소**　활엽수림의 지상
- **발생 시기**　여름~가을
- **갓의 형태**　반구형~편평형
- **갓의 크기**　5~15 cm
- **갓의 표면**　어두운 황토색~옅은 황갈색

- **이용 방법**　볶음 등

비단그물버섯

여름~가을에 소나무숲의 땅에 무리를 지어 자란다. 갓 모양은 둥근 우산 모양이며, 갓 표면은 어두운 적갈색인데, 젤라틴이 표피를 덮고 있다. 조직은 흰색 또는 노란색으로 두껍고 부드럽다. 갓 아랫면은 처음에 흰색 또는 암자색의 내피막이 덮여 있고, 내피막은 버섯대에 턱받이로 남게 되고, 버섯대의 가장자리에 붙어 있다. 대는 길이 4~7cm로 턱받이의 윗부분은 노란색이며 작은 알맹이가 있고, 아랫부분은 흰색 또는 갈색의 반점과 얼룩이 있다.

- 분포 지역　전국
- 발생 장소　소나무숲의 땅
- 발생 시기　여름~가을
- 갓의 형태　둥근 우산 모양
- 갓의 크기　5~14cm
- 갓의 표면　어두운 적갈색

- 이용 방법　볶음 등

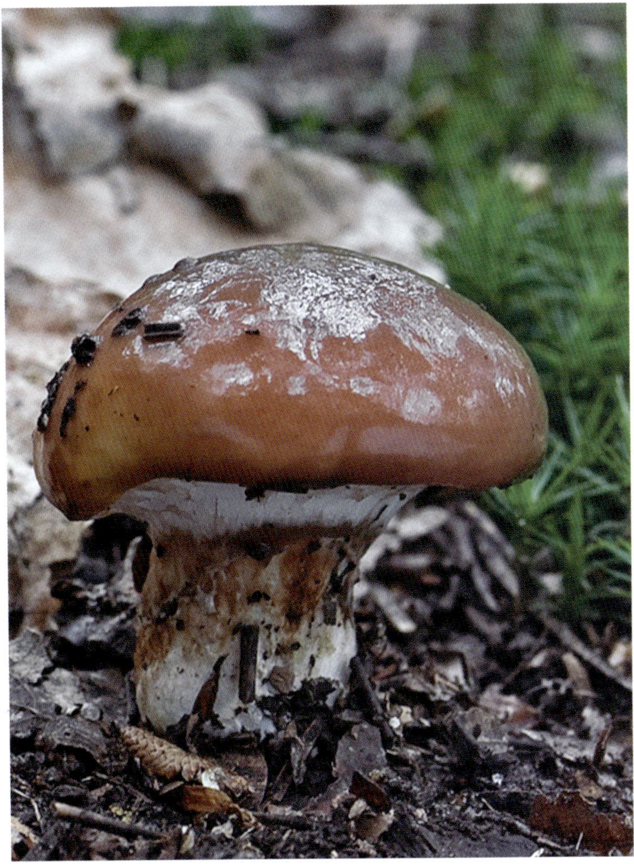

붉은비단그물버섯

여름~가을에 침엽수림(주로 소나무 숲)의 지상에 발생한다. 갓 모양은 초기에는 반구형이고, 끝은 안쪽으로 굽어 있으며, 백색의 두꺼운 섬유질상 내피막으로 싸여 있다. 성숙하면 편평하게 펴진다. 표면은 건성이지만 습할 때는 약간 점성 있고, 갓의 색깔은 적색~적갈색인데, 성장하면 가장자리가 회흑색을 띤다. 조직은 단단하고, 상처가 나면 서서히 붉은색을 띤다. 맛과 향기는 부드럽다.

- 분포 지역　전국
- 발생 장소　침엽수림의 지상
- 발생 시기　여름 ~ 가을
- 갓의 형태　반구형~편평형
- 갓의 크기　4~11cm
- 갓의 표면　적색~적갈색

- 이용 방법　볶음 등

녹슬은비단그물버섯

여름~가을에 낙엽송림의 땅에 무리를 지어 자란다. 갓 모양은 초기에는 반구형이며 끝은 막질의 내피막으로 싸여 있고, 성장하면 편평하게 펴진다. 갓 표면은 젤라틴질의 점액이 있으며, 성장 초기에는 암갈색~회갈색이고, 점액이 소실된 후에는 옅은 황색으로 퇴색된다. 조직은 두껍고, 부드러우며, 백색~황백색인데, 상처가 나면 청록색으로 변한다. 대는 크기가 4~8cm로 원통형이다.

- 분포 지역　전국
- 발생 장소　낙엽송림의 땅
- 발생 시기　여름~가을
- 갓의 형태　반구형~편평형
- 갓의 크기　5~12cm
- 갓의 표면　갈색~옅은 황색

- 이용 방법　볶음 등

큰비단그물버섯

여름~가을에 낙엽수림의 땅에 무리를 지어 자란다. 갓 모양은 처음에 둥근 우산 모양이다가 나중에 편평한 산 모양으로 변하며 가운데가 파인 것도 있다. 갓 표면은 끈적끈적한데, 노란색 또는 적갈색의 아교질이 있다.

갓 표면의 색깔은 처음에 밤갈색이다가 나중에 레몬색 또는 황적색으로 변하며, 가장자리에는 내피막의 흔적이 남는다. 조직은 촘촘하며, 황금색이고, 송진 냄새가 나기도 한다.

- **분포 지역** 전국
- **발생 장소** 낙엽수림의 땅
- **발생 시기** 여름~가을
- **갓의 형태** 둥근 우산 모양~편평한 산 모양
- **갓의 크기** 4~15㎝
- **갓의 표면** 갈색~황적색

- **이용 방법** 볶음 등

젖비단그물버섯

여름~가을에 소나무숲의 지상에 발생한다. 갓 모양은 원추형이며, 끝은 상당 기간 동안 굽어 있으나, 성장하면 편평한 산 모양으로 된다. 갓 표면은 습할 때 젤라틴질이 현저하며, 어릴 때는 짙은 황갈색을 띠고, 후에 젤라틴질이 소실되면 황색을 띤다.

대는 5~10cm로 원통형이고, 표면은 옅은 황색~옅은 황백색을 띠며, 초기에는 상부에 백색~황백색의 유액이 있으며, 후에 갈색 반점으로 된다.

- **분포 지역**   전국
- **발생 장소**   소나무숲의 지상
- **발생 시기**   여름~가을
- **갓의 형태**   원추형~편평한 산 모양
- **갓의 크기**   4~9cm
- **갓의 표면**   황갈색~황색

- **이용 방법** 볶음 등

황소비단그물버섯

여름~가을에 소나무숲의 지상에 무리지어 발생한다. 갓 모양은 초기에는 반구형이며, 갓 끝은 안쪽으로 굽어 있으나 성장하면 편평하게 펴진다. 갓 표면은 황토갈색을 띠며, 습할 때 점성이 있다. 대는 크기가 3~9cm로 원통형이고, 상하의 굵기가 비슷하다. 갓 아래면의 관공 부위는 부패하기 쉽고, 곤충 및 애벌레가 남아 있을 가능성이 있으므로 떼어내고 요리를 하는 것이 바람직하며, 요리를 하면 버섯의 육질은 분홍색~자색을 띤다.

- 분포 지역   전국
- 발생 장소   소나무숲의 지상
- 발생 시기   여름~가을
- 갓의 형태   반구형~편평형
- 갓의 크기   4~11cm
- 갓의 표면   황토갈색

- 이용 방법   볶음 등

평원비단그물버섯

여름~가을에 소나무숲의 지상에 발생하는데, 매우 드물다. 갓 모양은 초기에는 반구형이며, 성장하면 편평하게 펴진다. 갓 표면은 초기에 백색~분홍백색이고, 성장하면 황색~옅은 황갈색을 띤다. 습할 때 젤라틴질이 있으며, 갓 표피층은 잘 벗겨진다. 조직은 두껍고, 부드럽다. 대는 크기가 4~10cm로 원통형이다. 속은 차 있다.

- **분포 지역** 전국
- **발생 장소** 소나무숲의 지상
- **발생 시기** 여름 ~ 가을
- **갓의 형태** 반구형 ~ 편평형
- **갓의 크기** 3~10cm
- **갓의 표면** 백색 ~ 옅은 황갈색

- **이용 방법** 볶음 등

마른산그물버섯

여름~가을에 활엽수림 또는 침엽수림의 지상에 발생한다. 갓 모양은 초기에는 반구형이나 후에 편평하게 펴진다. 갓 표면은 건성이며, 초기에 융단상 털이 있으나 성장 후에는 소실된다. 갓의 색깔은 어릴 때에는 짙은 갈색이나 성장하면 부분적으로 올리브색 또는 적색을 띠며, 전체적으로 옅은 색깔으로 퇴색한다. 건조하면 표면이 거북등 모양으로 갈라지며, 갈라진 사이로 옅은 분홍색의 육질이 나타난다.

- **분포 지역**　전국
- **발생 장소**　활엽수림 또는 침엽수림의 지상
- **발생 시기**　여름~가을
- **갓의 형태**　반구형~편평형
- **갓의 크기**　3~10㎝
- **갓의 표면**　짙은 갈색~올리브색 또는 적색

- **이용 방법**　볶음 등

꾀꼬리그물버섯

여름~가을에 활엽수림의 지상에 발생한다. 자실체 전체가 등황색으로 아름다우며, 갓 모양은 초기에는 반구형이나 성장하면서 점차 편형하게 펴진다. 표면은 습할 때 약간 점성이 있고, 선명한 등색~등황색을 띠며 상처가 나면 청색으로 변한다. 다소 독특한 냄새가 나며, 맛은 부드럽다. 대의 크기는 5~10cm로 원통형이며, 상하 굵기가 비슷하고, 기부쪽이 다소 굵으며, 종종 굽어 있다. 속은 차 있다.

- **분포 지역**　　전국
- **발생 장소**　　활엽수림의 지상
- **발생 시기**　　여름~가을
- **갓의 형태**　　반구형 ~ 편평형
- **갓의 크기**　　5~14cm
- **갓의 표면**　　등색 ~ 등황색

- **이용 방법**　볶음 등

복령

지하에 있는 적송의 뿌리에 형성되며, 다년생이다. 5~6년 전에 벌목한 소나무 뿌리에 크기 10~30cm로 형성되고 둥근 모양 또는 길쭉하거나 덩어리 모양이다. 표면은 적갈색·담갈색·흑갈색으로 꺼칠꺼칠한 편이며, 때로는 근피(根皮)가 터져 있는 것도 있다. 살은 흰색이고 점차 담홍색으로 변한다. 흰색인 것을 백복령(白茯笭), 붉은색인 것을 적복령(赤茯笭)이라 한다. 복령은 닭과 같이 쓰면 효과가 더욱 세어지지만 버드나무와 같이 쓰면 독약이 된다.

- **분포 지역** 전국
- **발생 장소** 5~6년 전에 벌목한 소나무 뿌리
- **발생 시기** 다년생
- **형태** 덩이형   **크기** 10~30cm

- **이용 방법** 말린 후 가루를 내 다양하게 이용한다.
- **효능** 이뇨 작용·심신안정·피부미용·항암 작용 등

상황버섯

『동의보감』에서는 상목이(桑木耳)라는 이름으로 〈탕액편〉에 기록되어 있다. 갓은 지름 6~12cm, 두께 2~10cm로, 반원 모양, 말굽 모양 등 여러 가지 모양을 하고 있다. 표면에는 검은빛을 띤 갈색의 고리 홈이 나 있으며, 가로와 세로로 등이 갈라진다. 다년생으로 뽕나무 등에 겹쳐서 나는 목재부후균이다. 항암 효과가 뛰어난 것으로 알려져 있다. 약용하기 위해 달이면 노란색이거나 연한 노란색으로 맑게 나타나며, 맛과 향이 없는 것이 특징이다. 맛이 순하고 담백하여 먹기에도 좋다.

- **분포 지역**   전국   • **발생 장소**   다년생으로 뽕나무
- **형태**   반원 모양, 말굽 모양
- **크기**   6~12cm

- **이용 방법**   조각을 내 달여 음용한다.
- **효능**   자궁암 · 위암 · 대장암 등의 예방과 병증 개선

영지버섯

여름에 활엽수 뿌리 밑동이나 그루터기에서 발생하여 땅 위에도 돋는다. 갓과 대의 표면에 옻칠을 한 것과 같은 광택이 있는 1년생 버섯이다. 갓은 지름이 5~15㎝, 두께는 1~1.5㎝로 반원 모양 또는 부채 모양이며 편평하고 동심형의 고리 모양 홈이 있다. 버섯갓 표면은 처음에 누런 빛을 띠는 흰색이다가 누런 갈색 또는 붉은 갈색으로 변하고, 늙으면 밤갈색으로 변한다.

- 분포 지역   전국
- 발생 장소   활엽수 뿌리 밑동이나 그루터기
- 발생 시기   다년생
- 형태   여름
- 크기   5~15㎝

- 이용 방법   조각을 내 달여 음용한다.
- 효능   간 기능 향상 · 신경안정 · 뇌졸중 예방 등

식용버섯과 독버섯

한국의 버섯

초판 1쇄 발행 2012년 1월 25일
초판 4쇄 발행 2019년 3월 10일

엮은곳   해동약초연구회 편
펴낸곳   아이템북스
디자인   김 영 숙
마케팅   최 용 현

출판등록 2001년 8월 7일
등록번호 제2-3387호
주   소 서울시 마포구 서교동 444-15

※ 잘못된 책은 바꿔 드립니다.